服装设计

与服装装饰工艺

应用研究

FUZHUANG SHEJI

YU FUZHUANG ZHUANGSHI

GONGYI YINGYONG YANJIU

郭 静◎著

U0232249

中国纺织出版社

图书在版编目（CIP）数据

服装设计与服装装饰工艺应用研究 / 郭静著．—北京：中国纺织出版社，2017.5 （2021.7 重印）
ISBN 978-7-5180-3671-4

Ⅰ.①服… Ⅱ.①郭… Ⅲ.①服装设计－研究 ②服装－装饰工艺－研究 Ⅳ.①TS941

中国版本图书馆CIP数据核字（2017）第123779号

策划编辑：汤　浩　　　　　　　　策划编辑：汤　浩
封面设计：杨　弘　　　　　　　　责任印制：储志伟

中国纺织出版社出版发行
地　　　址：北京市朝阳区百子湾东里A407号楼　　邮政编码：100124
销售电话：010－67004422　　　　　　传　　真：010－87155801
http://www.c-textilep.com
E-mail：faxing@c-textilep.com
中国纺织出版社天猫旗舰店
官方微博http://weibo.com/2119887771
北京虎彩文化传播有限公司
2017年7月第1版　　2021年7月第11次印刷
开　　本：880×1230　　1 / 32　　　　　印　　张：8
字　　数：200千字　　　　　　　　　定　　价：55.00元

凡购本书，如有缺页、倒页、脱页，由本社图书营销中心调换

前　言

　　随着人们生活水平的提高和审美观念的不断更新,人们对服饰有了自己的想法,更加"讲究"服饰的个性化,因此,服装设计成了当今时代最炙手可热的行业之一。

　　现代人对服装造型的要求越来越严格,每个人都对自己的服装有着独特的审美追求。因此,使得服装设计中的装饰工艺手法、内容和形式更加个性化和多元化,纤维材料的选择也变得多样化。在这个服装设计多种类并存的时代,装饰工艺便越发显示出其重要性。装饰工艺在服装设计中的成功应用可使服装设计感鲜明,使服装丰富化和多样化。花边装饰工艺、刺绣装饰工艺、缉线装饰工艺、镶滚嵌荡工艺、装饰缝工艺等诸多装饰工艺并非是单一地被应用于服装设计中,而是多种方式同时被应用于同一个服装设计中。

　　与此同时,将原有的服装中的装饰工艺与现代纤维艺术中编织、缠绕、贴缝等常用纤维艺术中的装饰工艺相结合更会让服装设计相得益彰,起到画龙点睛的作用。将纤维艺术中常见的制作技艺,如传统编织、工艺缂织、纬编、人字纹编织、栽绒编织等工艺手法与服装整体设计巧妙结合,这样整体服装的图案设计就不会仅停留在现有的刺绣、钉珠等装饰工艺上;另外将纤维艺术中常用的切割、缠绕等制作技艺利用综合材质创造出立体形态,用于服装设计的结构线分割中,可以很巧妙地让服装展示出特有的创新立体形态。

因此,将纤维艺术中的装饰工艺与服装设计有机结合与应用,可以在保证服装实用价值的基础上使其观赏价值得到升华,这无论是从理论探索、实用价值还是创新设计上都有相当的重要研究意义。

目　录

第一章 服装与服装设计概述

第一节 服装、服装设计与服装设计师

一、服装

服装文化是人类文化的重要组成部分之一。服装是人体的第二层皮肤,人们离不开服装就像鱼儿离不开水一样。服装不仅给了人类最基本的保护,满足了人类生理上的需求,还把人类的生活方式与其他动物区分开来。服装是人作为社会成员对精神上的高层次需求,是人类摆脱一般意义上的生物体属性、向更高层次的生存方式进化的结果。

(一)服装的界定

人的着装形式受到许多因素的影响,例如种族、历史、宗教、文化、地域、气候、经济、政治、战争等。一般来说,能够被社会接受的服装才是真正意义上的服装,得到社会认可的服装能让着装者本人心情愉悦,有一种群体的归属感而不是孤立感。但是作为独立的个体,每个人都有着不同于别人的审美方式,会依据自己的个性选择适合自己的服装,正是这种求新求异的心态推动了服装日新月异的发展。理解服装,可以从两个方面入手:物质的角度和精神的角度。

1.物质的角度。服装是附着在人身上的所有物品,包括上体和下体所穿服装(如上衣、下衣、外衣等)和所有附着于人体的服饰配件(如帽子、鞋袜、包袋、首饰、伞具等)。只有穿着在人体上

1

的才能称为服装,某些物品,在常态下不能理解为服装,然而只要把它披挂在人体上,也可认为它是服装的一分子。例如,一条床单,在床上是床单,但放在人体上就成了服装;一张报纸在书桌上是报纸,放在人身上也成了服装。

2.精神的角度。服装是人类自我搭配装扮出的一种着装状态。人、服装以及着装方式等三个方面共同构成了着装效果,而不同的着装效果给人以不同的视觉和心理感受。职业套装让人精神焕发,而休闲装则给人随意放松的感觉。设计师推出的裸体装,用不穿衣服的模特周围的几根线来表达自己的服装概念,虽然模特没有穿衣服,但是这种不穿的着装状态也属于服装。所以,对服装的理解,不能只是停留在衣服"有形"的角度,还要从服装的着装方式"无形"的角度去理解。为了更好地理解服装的定义,可以通过相关的词语进一步地去把握。

衣裳,《说文》中有"衣,依也,上曰衣,下曰裳"。衣服(clothing,clothes)一般与衣裳的意思相同,但是在古代还包括了头上戴的帽子类。《中华大字典》称:"衣,依也,人所依此庇寒暑也。服,谓冠并衣裳也。"现在是指附着在人体上的物品,包括上衣、下衣、外衣、帽子、鞋袜等。被服,古时作动词用,穿着的意思;现在多作名词,指被子、衣服类。《现代汉语词典》有"被服:被褥、毯子和服装"。服饰,多指用于搭配服装的装饰物(如帽子、鞋袜、包袋、首饰等)和衣服本身的装饰(如图案、纽扣等)。

时装是指在一定时期和地域内为人们所接受的、具有鲜明时代感的流行服装,是相对于历史服装和定型服装而言的。根据流行的程度和接受时装的层次,时装可以分为前卫性的时装和大众化时装。时装的周期性较强,一般经历孕育、萌芽、成长、成熟、衰退和回潮期。

高级女装也称为高级时装,是法语"haute couture"的意译

(couture是裁缝的意思)。高级时装代表了高档的品位、高级的材料、高级的设计、高昂的价格、高级服务和高级的使用场所。

成衣是指按照国家规定的号型、规格、系列、标准,以工业化批量生产方式制作的服装。在百货商店、超市、时装商店里购买的都是成衣。服装的主要款式类型有西装、中山装、夹克、猎装、衬衫、牛仔服、大衣、风雨衣、披风、裙等。

西服又称西装,是西式上衣的一种款式。从纽扣的排数分有单排扣、双排扣;从纽扣的数量上分有一粒纽、两粒纽和三粒纽西服等;从驳头造型上分有平驳领、枪驳领、青果领西服等。

中山服又称中山装,根据孙中山先生设计穿着的款式命名。一身呈H型,立领,前衣身四个明贴袋,简洁大方,沿用至今。

夹克衫(jacket),短上衣,是英文的音译,有短小的意思,指衣长较短、胸围松量大、袖口和衣服下摆收紧的上衣。

猎装以前用于打猎时穿,以缉明线、多口袋为主要特征。

衬衫是一种常见的款式,有搭配西装的较正式款式,也有单独穿着的休闲样式。

牛仔服面料风格比较粗犷,是近年来大受欢迎的一种服装样式。

(二)服装的功能

服装的功能主要包括实用功能和审美功能。

1.实用功能。服装的实用功能是指服装"物质性"的表现。服装的实用功能主要体现在两个方面。

(1)对人体机能的补助:作为人体的第二层皮肤,服装能够帮助人体应付自然界的寒暑风雨等气候变化,补足人体生理机能的不足,维持舒适的状态。例如,雨衣可以防水,避免淋湿造成感冒;寒冷的冬天,人们依靠服装保持体温;而夏季人们则依靠服装吸湿排汗,保持干爽。服装的实用功能对设计有一定的指导意义,具体来说,冬装就要选用厚的防风的衣料,如羊绒、驼绒等;夏天要选用轻薄、透气、吸湿性能好的衣料,如棉料、麻料、真丝等。

（2）对外来伤害的防护:服装在人体与外界之间形成了一层保护网,避免人体与外界的直接接触,预防来自跌撞、磕碰、火灾、辐射、药物的伤害,防止昆虫以及其他动物的刺伤或咬伤。出于实用功能穿着的服装有防寒服、防暑服、防雨服、防风服、防高温作业服以及其他的服装,如工作服、运动服、战斗服,还包括日常生活中使用的具有防伤、防冻、防火、防热、遮光、防毒、防虫、防弹等功能的护身服。

2.审美功能。服装的审美功能是服装"精神性"的表现。人的社会属性决定了依附于人的服装也具有一定的社会性。随着生活水平的不断提高,从功能到形式,从实用到美观,人们对服装也提出了更高的要求。作为技术与艺术的产物,服装离不开艺术的某些特征,人们通常用艺术的眼光来审视服装的精神内涵。爱美之心,人皆有之,服装的审美性可以分为装饰作用、标志象征作用和模拟乔装作用。

（1）装饰作用:服装能够饰体,通过着装达到的服装效果不仅能扬长避短、美化形体,还能表现着装者的个性、兴趣、地位、优越感、审美倾向、审美水平和文化背景。基于实用功能上的外在形式,运用美的法则,通过点线面体的构成,对分割和比例的把握、面料材质的统一或对比,来修饰和美化人体,塑造出理想的着装效果。装饰的手法、部位、工艺多种多样。从手法上来说,有抽褶、编结、拼接、轧褶、打磨等,例如,三宅一生的褶皱服装就是用褶皱在人体上形成的独特线条来修饰人体,表现出"软雕塑"的风格,有建筑的痕迹。从装饰部位来说,有领部装饰、肩部装饰、胸部装饰、腰部装饰等,军装就是通过强调领和肩的装饰塑造出军人挺拔刚毅的形象。从装饰的工艺上来说,有镂空、钉珠、刺绣、滚边等,比如香奈儿的经典套装就是通过对服装边沿的强调塑造稳重幽雅的感觉。

(2)标志象征作用:"物以类聚,人以群分。"特定的群体,为了显示其地位、身份、权威、阶级、职务和行动而穿着特殊标志的服装。在民族服装中,人们可以一眼辨认出属于苗族或蒙古族的服饰。时间和地域的差异导致不同民族、种族显示权利、区分性别的形式都不一样。在现代社会中,因分工明确和维持社会秩序的需要,表示着装者的所属、职业、阶层、任务和行动,由其特定的服饰来明确加以区分。这类衣服主要有制服、职业装、团体服以及用来细分的肩章、徽章、臂章、饰带等标志物。例如,酒店的制服就分为领班服、门童服、经理服、迎宾服等,而且不同岗位的服装有系列感,但是款式设计不一样。

(3)模拟乔装作用:服装还具有模拟乔装的功能,由于服装具有一定的标志作用,人们往往通过改变着装来改变自身的角色。《林海雪原》中的杨子荣就是通过乔装改扮成土匪,打入敌人内部。我国某些狩猎民族至今还戴兽角、兽头帽,在脸上涂抹以装扮成野兽,以期不引起目标的注意。四川的"变脸"戏法存在着大量的假面具和假装,它们都是用来假装的道具。

(三)服装的构成要素

服装是一门综合性的艺术,是材料、款式、色彩、结构和工艺诸多方面的结合。款式、色彩、材料是服装最主要的构成要素。其中,款式相当于服装的"形",色彩相当于服装的"色",材料相当于服装的"质"。形、色、质三个方面共同构成了完整的服装。服装的构成要素分为两类:物理构成要素和设计构成要素。

1.物理构成要素。服装物理构成要素是服装"物"的性质,可以从服装"有形"的角度来理解,它主要解决服装"用什么"的问题。在服装的三个主要构成要素中,材料是服装的物理构成要素。

材料是服装的物质载体,是体现设计思想的物质基础和服装制作的客观对象。没有服装材料,服装就成了无本之木。现在不断涌现的高新材料激发了设计师创作的灵感,改变了服装的外貌。材料的发展影响流行的趋势,当某种材料契合了流行的规律、符合人们的新需求时,其必定能得到青睐而被大量运用。在服装设计中,重要的是对材料进行再加工与再创造,表现出独特的外观效果。材料的表面特性以及由此而产生的感觉叫材质效果,也叫织物的质地。服装材料主要包括面料和辅料两类。

(1)面料:面料是服装的外层材料,决定了服装的质地。面料是服装制作工艺的载体,是判断一件服装质量好坏的标准之一;面料的价格也直接影响服装的价位。面料在视觉上是最直接的,随着服装设计领域的不断拓展,设计师和消费者对面料都提出了更高的要求。我国每年都会举办各种各样的服装面料展览,阵容庞大的展览为行业内的交流沟通提供了平台,为广大的客商提供了所需要的面料,还为服装相关从业人员提供了相应的流行讯息。服装面料可以从悬垂性、柔软性、保型性和可塑性方面来评判,根据不同的设计需要选择适合的衣料,用不同质感和色彩可以表现出不同的效果。服装面料的"混搭"概念不仅体现在设计中,还体现在人们的着装方式上,不同质料的款式搭配在一起体现出一种多层次的穿法。服装面料可以从原材料、尺寸、织物组织、图案、用途、色彩、工艺、作用、服装性能等角度进行分门别类。

①从原材料上分:服装面料可以分为天然面料和化纤面料。

天然面料是指用天然动植物纤维和矿物纤维作为原材料加工成的服装面料。植物纤维有棉(生棉、木棉)、麻(亚麻、黄麻、剑麻、苎麻)以及竹、稻梗等;动物纤维有蚕丝(家蚕丝、柞蚕蚕丝、山茧丝、栗虫丝)、兽毛(羊毛、山羊毛、马海毛、羊绒、驼绒等)以及羽毛、动物筋腱等;矿物纤维有石棉等。天然纤维制成的服装一般吸湿透气性好,穿着舒适。

化纤面料是指用化学纤维作为原材料加工成的面料。化学纤维包括再生纤维、半合成纤维、合成纤维和无机纤维。再生纤维包括黏胶人造丝、铜氨纤维、牛乳蛋白纤维、大豆蛋白纤维、玉米蛋白纤维、花生蛋白纤维等;半合成纤维包括醋酯纤维等;合成纤维包括锦纶、氨纶、腈纶等;无机纤维包括玻璃纤维、岩石纤维、金属纤维等。化学纤维具备许多天然纤维没有的优点,具有高强度和耐磨性、抗皱性、高弹性。锦纶的强度比棉高2倍,比羊毛高4~5倍;用化纤制成的衣服洗后不需要熨烫就很平整;用含氨纶长丝的面料制作的服装具有很好的拉伸性,符合人体的动作变化,经常用于运动装、紧身衣的制作等。

②从尺寸上分:布匹的幅宽分为窄幅(40~73cm)、中小幅(90~91cm)、宽幅(106~115cm)、双幅(140~150cm)和特宽幅(160cm以上);布匹的长度分为25cm、50cm、75cm等。

③从织物组织上分:有缎纹织物、平纹织物、斜纹织物、起毛织物、非织造布等。

④从原物图案上分:有本白织物、漂白织物、单色织物、雪花织物、条纹织物、格子面料、印染面料、花色织物等。

⑤从图案上分:有条子图案面料、格子图案面料、花卉图案面料、动物图案面料、卡通图案面料、静物图案面料、民俗风情面料和风景图案面料等,人们可以根据个人喜好来选择。

⑥从用途上分:可分为服用面料、家居用料、工业用织物、军用面料等。

⑦从色彩上分:有单色(红色、黄色等)、混色(彩条、彩格)。

⑧从工艺上分:有轧花织物、轧褶织物、烂花织物、轧纹织物等。

⑨从作用上分:有耐久装饰的表层材料、保暖爽滑的里料(色丁等)、防寒耐冻的填充材料(羽绒、棉絮等)、耐用的固定材料(纽

扣、拉链、魔术贴、按扣等),还有附属装饰材料(徽章、织带等)。

⑩从服装性能上分:有机械性能(耐拉伸性、耐摩擦性、柔软性、弹性、耐撕裂性等)、保健性能(润湿性、吸汗性、透气性、保暖性、防水性、防辐射性、防风性等)、感觉性能(手感、触感、视感)、形态性能(稳定性、立体性、伸缩性、方向性等)、饰体性能(悬垂性、光泽感、包缠性、遮盖性、可塑性)等。

(2)辅料:辅料是辅助面料共同完成服装的物质材料,是服装实用和审美功能得以实现的物质保障。适当的辅料可以更好地实现服装的服用性能,塑造、美化服装的外形。在西装的制作过程中,仅胸衬就超过了五种材料,如纸衬、丝衬、麻衬、黑炭衬、马尾衬等。除了衬料,服装辅料还包括里料、缝纫线、固定材料等。

①里料:俗称里子布,用于服装的里面,起到加厚、保暖、加固的作用,如色丁布等。

②缝纫线:通常用于缝合工艺,例如,牛仔线、丝线、棉线等。应根据面料的厚度和材质选用合适的缝纫线。

③固定材料:服装的固定材料有很多,如纽扣、拉链、魔术贴、风纪扣、按扣、绳带等。

④衬料:帮助服装塑型和定型,如胸衬、领衬等。

选择面料和辅料要考虑质量和流行的因素,好的质量成就好的品质,也是评判服装的档次的标准之一,如在挑选面料时要考虑色差、毛疵、丝缕、布面光洁、原料成分、有无抽丝等问题。仅有好的质量还是不够的,服装的流行因素同样重要,面料的色彩、工艺、触感、悬垂性、重量感都是消费者关注的,所以只有当服装面料符合流行趋势的发展且吻合设计意图时,服装才能具备巨大的市场潜力。

2.设计构成要素。相对于服装的物理构成要素来说,服装的设计构成要素主要是从服装"无形"的角度来理解。服装的设计和制作从根本上来说是一种方法,即解决"怎样做"的问题,包括怎样设计和怎样制作两个方面。设计构成要素主要包括服装的设计和制作两个方面。

(1)设计:设计是服装产生的第一阶段。设计将抽象的形象思维通过一定的艺术形式在平面上表现出来,是服装材料选择和服装工艺制定的依据。服装设计不仅包括服装款式的设计,还包括服装色彩的设计。款式是服装的造型,是服装的基本框架;色彩体现服装给人的视觉感受。造型和色彩互为补充,造型离不开色彩,色彩的选择要依据造型的需要;选择恰当的色彩能为造型锦上添花,不合适的色彩则会削弱服装的整体效果。白色给人纯洁、清新的感觉,适合用于婚纱等服装;而黑色给人肃穆、沉重的感觉,用于婚纱肯定大煞风景。在选择造型和色彩时,要以达到最终的服装效果为目的。但由于实际情况不同,先确定款式再确定色彩,或先确定色彩再进行设计,都是可以灵活处理的,造型和色彩可以相互加强,也可以相互减弱。

①款式:款式就是服装的外形。款式设计是服装设计的主要内容,它依据人体的特点,设计出适合人体活动和穿着的服装样式。服装的设计不仅受到人体本身特性的限制,还受到穿着时间、地点、条件等因素的限制。在正式的场合,应当穿着比较庄重的服装,如西装、套装、套裙等;郊游时,穿着比较休闲、宽松随意的款式会有助于活动;在运动健身时,身体的动作幅度大,选择运动装有利于身体的伸展,否则会在生理和心理上都产生不适的感觉。

服装的款式经过历史的积淀,可以归纳为X型、Y型、H型、S型等。设计师要根据着装对象的体型设计合适的款式,和谐、恰当的比例和分割不仅能修饰人体,还能给人以美的享受。例如,腰细臀宽的女性,采用X型收腰放摆的款式会加强着装者的身体特征,给人幽雅的感觉。

②色彩:不同的色彩带给人不同的视觉和心理感受。例如,红色热情奔放,白色纯洁清新,黑色庄重肃穆,蓝色宁静安详。色彩也像人一样有着各自鲜明的个性,织物缤纷的色彩和不同的搭配都能给人以不同的视觉和心理感受,从而产生不同的联想和美的感受。在服装设计的过程中,一件衣服往往涉及很多色彩的搭配,搭配的方法多种多样,但一般都要遵循和谐、统一的原则。邻近色或相似色的搭配能起到统一的作用,同样,对比色通过降低纯度或明度也能达到和谐的色彩效果。色彩的选择不仅要依据所表达的内容,还要结合流行趋势和设计目的等因素,设计者需反复推敲,找到最恰当的色彩语言。好的色彩搭配还能激发人们的购买欲望。

图案是一种装饰艺术,是服装色彩的一部分。图案的风格很多,手法也多种多样。服装上的图案,按照形式可以分为印染图案、刺绣图案、镶拼图案、手绘图案以及面料本身的图案等;按照素材可以分为植物图案、动物图案、人物图案、风景图案、静物图案以及多种素材结合的综合图案等;按照构成形式可以分为单独图案和连续图案等;按照构成空间可以分为平面图案和立体图案;按照图案在服装中的视觉效果来说,可以分为点状图案、线状图案和面状图案。装饰的部位不同,产生的效果也不一样。

(2)制作:制作是实现设计构思的手段。服装制作是将设计构思和服装材料组合成实物状态的服装的加工过程,即服装产生的最后步骤。由于设计是一个最初级的构思阶段,是一个模糊的大框架,制作在这个大框架的基础上,不断将构思具体化,实现设计从平面到立体、从二维到三维的转变。从某种意义上来说,制作也是设计,是对设计的完成和完善。没有制作,设计和材料就是一盘散沙,不可能成为服装。

制作包括结构的设计和服装工艺,结构对设计意图进行工程和逻辑推理,并通过纸样、图纸等表达。结构和工艺相辅相成,在设计结构的时候要考虑工艺的要求,比如用包缝工艺时只需要0.5cm的缝头,而不是按照平缝工艺放1cm缝头。精湛的工艺是衡量服装质量好坏的标准之一。在生产过程中,具体的缝制部位对工艺都有具体的规定,比如缝纫线的粗细颜色、针距、针数、使用的机器等。

二、服装设计

服装产业是国民经济的重要组成部分,是我国最大的传统性出口产品之一。依据人们的生活方式,服装设计不仅对衣服本身进行设计,还对人们的着装方式进行设计,以满足人类生理和生活等方面的需要。服装设计的发展对于整个服装行业的发展有着重大的作用。

(一)服装设计的界定

1.设计与服装设计。"设计"是指将构思和思维物化的过程,了解设计的概念有助于理解服装设计的定义。

服装设计是以服装为对象,运用恰当的设计语言,实现设计从平面到立体着装效果的创造性行为。服装设计是艺术设计的一种形式,"艺术是一种有意味的形式",在这一点上,服装设计与艺术设计具有某些相同的特征——两者都注重形式。但服装设计不像艺术创作那样可以天马行空、任意想象,还要将形式与内容相结合,综合考虑生产加工的条件以及结构是否具有合理性等因素,从这点上来说,服装设计又有其自身的特性。

2.服装设计的特性。服装设计的特性体现在两个方面:以人为本和以社会为基础。

(1)以人为本:服装设计是"以人为本"的设计,脱离了"人"这个中心,服装就失去了意义。"服装是人的第二层皮肤",服装设计受到人体的制约,好的服装可以扬长避短,修饰和美化人体。比

11

如,喇叭裤让腿粗的女性显得腿细而修长;泡泡袖的服装能拉长横向的视觉,让肩窄的女性头与身体的比例更协调;而"帝政样式"将腰线提高到胸下,拉长了下身与上身的比例,掩盖了下身短的缺点。

以人体为根本出发点,服装的功能可以分为实用功能和审美功能两种。实用功能起到补助人体机能和防护外来伤害的作用,审美功能起到装饰人体、标志象征和模拟乔装的作用。由于受到政治、经济、文化等诸多因素的影响,不同时期的人们对这两个功能的要求不一样。新中国成立初期,由于经济条件的限制,服装面料的短缺使得人们更注重服装的功能性,服装款式和色彩比较单一。现如今,服装设计不存在这样的问题,经济与政治的发展影响了人们的思想意识。除了基本的保护功能以外,人们对服装的审美功能要求越来越高(从过去的"红装热"到现在的百花齐放)。形式是服装美的表现,对服装形式的重视推动着服装款式不断推陈出新。

(2)以社会为基础:服装的目的是创造美,因此从服装的精神性上来说,服装具有修饰人体、美化生活的作用。作为艺术设计的一种,服装设计应当遵循整体的设计原则,把握总体效果,运用恰当的设计语言达到完整的服装效果。现代服装设计要求服装产品具有整体感,系列风格一致,款式之间易于搭配。服装设计的对象是人,所以服装设计要深入了解设计对象的生活环境和生活方式,有的放矢。

(二)服装设计的审美法则

1.美的界定。美是在特定的条件下对某个对象的感受。感受具有直观性和主观性。人的感受包括感觉和心理感受。感觉如视觉、听觉、嗅觉和触觉,有一定的感知对象和途径。视觉是以眼睛为途径对图像或画面等进行感知。心理感受则受到经济、政治、文化、观念等潜移默化的影响,而不同的人对同一个事物产生的心理感受不同。

美的标准因时间、地点和人而异。唐朝以胖为美,现代则以自然健康为美;泳衣在沙滩上很美,但是要穿在大街上恐怕会招人非议;有的人会觉得红色很艳俗,有的人却觉得很时尚,这就是由于美的标准和角度不一样所产生的结果。但是美的标准不是一成不变的,"朋克"服装流行以前,很多人都认为这种装扮怪异,难以接受,随着人们思想的改变,对"朋克"的态度也改变了,越来越多的人接受了"朋克",使其渐渐流行起来。所以,意识形态影响着人们对美的判断标准。

有的美大家都能感受,例如,好看的花和美丽的风景,但一棵草、一抔土的美,就不是所有的人都能领略的,还需要一定的文化修养和内心深度。所以审美水平需要训练,要热爱生活,用心去感受周围的事物。

2.服装的审美。服装的最终目的是创造美,但很多时候人们不知道如何去判断服装究竟美不美。对大师设计的服装效果图或服装,初学设计者常常会感到困惑,无从下手,不知道从什么角度去欣赏、用什么标准去衡量。判断服装的优劣好坏,可以从以下几个角度入手。

(1)服装设计的衣服美:衣服美可以分为六个方面:形体美、流行美、色彩美、结构美、材质美和工艺美。作为物质,衣服本身就具有独立的美。构成衣服的元素合理分布在衣服中,形成了衣服的美。

①形体美:服装设计以人为本,人体是服装设计的根本出发点,那么围绕服装进行的设计应当表现出人体的美感,这也是评判服装美的一个标准。由于人体本身是不完美的,存在着各种各样的缺陷或不足,服装理所当然承担起修饰和美化人体的责任。

但是人体美的标准也是在不断变化的,服装设计也要符合当时社会上流行的人体美的标准。比如在认为丰胸细腰美的时代,紧身胸衣被热捧,它是美的和流行的;现代社会追求自然的健康美,人们更愿意穿着宽松舒适的服装,那些过于束缚人体的款式让人难以接受。

②流行美:被多数人接受的才能称为流行,流行的不一定是漂亮的,但在流行期间能让人关注,引起共鸣。

③色彩美:色彩具有直观性。色彩要远观才能从整体上把握。色彩可以影响轻重感、季节性、明暗感、伸缩感,不同的色彩能给人不同的感受,服装审美要从颜色搭配上来整体考虑,而和谐的色彩搭配给人美的享受。

④结构美:服装结构不仅要满足一定的实用功能,还要满足审美功能。服装的结构线既要考虑人体的活动需要,还要从形式美的角度使服装具备较高的审美价值。比如,在设计省道时,省的位置、形状都能影响服装的外观效果。

⑤材质美:好的材料是服装质量的评判标准之一。好的设计离不开好的材料,材料与款式、色彩的合理搭配能增强服装的效果,很多好的设计都是以质取胜。近年来,服装材料的发展日新月异,面料向新颖、功能性良好、触感良好等综合效果方向发展。

⑥工艺美:精湛娴熟的做工可以提升服装的品质。服装的工艺不仅包括设计服装形态的技巧,还包括装饰技巧,如钉珠、刺绣等都能提高服装的审美效果。

(2)服装设计的着装美:服装设计不仅是对衣服的设计,还包括着装方式的设计。着装美包括两个方面:着装方式美、服饰美。

①着装方式美:着装方式的不同影响服装的效果,把内衣穿在里面和内衣外穿就会产生两种截然不同的效果,给人不同的感受。一些服装有其固定的穿法,如西装、职业装、军装等。现代更

多追求服装的多种穿着方法,搭配出不同的风格,表达自己的个性,以期获得不同的美感。

②服饰美:恰如其分的服饰能起到锦上添花的作用,服饰不仅具有实用功能,还具有审美装饰的功能。围巾在冬天能保温,还能点缀美化服装。服饰还包括帽子、首饰、鞋履、箱包等。

(3)服装设计的人体美:服装设计的人体美包括体形美、身体的部位美、皮肤美、姿态美和动作美。

①体形美:体形直接反映了人的高矮、胖瘦、比例等。但是在设计之前,需要通过对人体各个部位进行测量才能更准确地认识和掌握。比例协调是最重要的。

②身体部位的美:身体是由很多部位组合而成,每个部位的大小形状都能影响人的外貌。身体的部位虽然小,但是一双纤细的手足以让女性自豪。

③皮肤美:现代人追求自然健康的肤色,注重皮肤的保养。虽然白的皮肤好搭配衣服,但是肤色不白的人也可以根据肤色搭配出恰当的服装,很多服装穿在肤色深的人身上甚至比穿在肤色白的人身上效果更好。

④姿态美:姿态不仅能表现人活动的身体状态,还能体现出人的心态。一个回眸,一个转身,都是人的姿态。人体写生就是通过对人体的各种姿态进行描绘,用艺术语言诠释人体的美。例如,在电影《花样年华》中,张曼玉用各种姿态表现出丰富的内心世界和难以言传的内心独白。

⑤动作美:美的动作应当是协调的、优美的。笨拙慵懒的动作并不见得有多美。动作的美也是需要训练的,小提琴手幽雅的动作是靠对音乐的领悟发出的,模特在台上的一举一动都张弛有度,这些都是经过长期训练积累的结果。训练不是矫揉造作,"腹有诗书气自华",只有拥有浓厚的文化修养、丰富的思想内涵才能

让动作体现出真正意义上的美。

(三)服装设计与服装设计的分工

1.服装设计。服装是一门综合性的艺术。设计是服装产生的最初阶段,是后期选择服装面料和制定工艺手段的依据,离开了设计,服装就会缺少最直观和准确的表达语言,处在游离的状态。设计师一般通过效果图来表达设计意图。效果图从大的方面可以分为写意和写实两种。写意的服装效果图可以对人体和服装进行夸张,注重画面的艺术审美性;写实的服装效果图可以对人体和服装进行比较真实的描绘,准确表达服装的着装效果。

2.服装设计的分工。在工业大生产以前,服装生产是以小作坊的形式进行,分工不明确,设计师、版师和样衣师通常都是一个人。工业大生产促进了社会分工的发展,现代服装设计包括款式设计、结构设计和工艺设计三个部分。为了更好地协调工作,现代的服装设计师也需要了解服装的结构和工艺,一定条件下还需参加结构设计和工艺制作。在规范的大服装企业中,分工明确,责任细化,有专门的设计师、版师、样衣师。有很高造诣的设计师也会同时从事多个品牌或多种风格的设计,如卡尔·拉格菲尔德就同时为芬迪、香奈儿和以他自己名字命名的卡尔·拉格菲尔德做设计。

就像香奈儿说的那样:"潮流不断在变,但风格永存。"服装的整体风格不是一朝一夕形成的,尤其是品牌服装设计,要求设计师具有很强的设计能力和风格把握能力,不仅要了解服装的定位、风格、款式、面料,还要根据流行不断创新,把新的元素融入设计中,既要保持服装原有的风格,又要符合流行趋势。服装设计分工主要包括三个方面:款式设计、结构设计和工艺设计。

(1)款式设计:款式就是服装的外形。款式设计是服装设计的主要内容,它依据人体的特点,设计出适合人体活动和穿着的服装样式。款式设计不仅受到人体本身特性的限制,还受到穿着时间、地点、条件等因素的限制。在正式的场合,人们一般穿着比较庄重的服装,如西装、套装、套裙等款式。

款式设计包括两部分:服装造型设计和服装色彩设计。服装造型设计是服装的大框架,是服装材料和制作工艺的基础;服装色彩设计是服装的色彩表现,给服装造型和服装材料提供依据和参照。造型是"皮",色彩是"毛","皮之不存,毛将焉附"。所以造型是设计的基础,有了造型,还需要漂亮的色彩点缀装饰才能交相辉映,实现设计的理想效果。

就服装的款式来说,可以分为男装设计师、女装设计师和童装设计师。

(2)结构设计:结构设计是服装设计与制作之间的过渡阶段,是对设计构思进行工程和逻辑上的实现,而结构设计的好坏直接影响设计的成败。结构师一般就是打版师,打版师虽然不会用效果图表现,但只要有一些语言的描绘,他们也能根据丰富的经验打出好的版来。版师也和设计师一样对比例和形体具有敏锐的洞察力,很多优秀的版师只要看一眼实物就能打出理想的版。版型的优劣是判断版师水平高低的标准。在条件有限的工厂,结构师也兼任设计师。

(3)工艺设计:工艺设计是运用文字、符号、图表、规范等制定工艺流程的工程性逻辑思维。工艺设计的任务是将结构设计的结果合理地安排在生产规范中,其是整个设计具体实现的环节,起到指导生产和保证品质的作用。服装工艺设计的内容包括产品尺码号型、工艺流程、辅料的选配、固定材料的位置和数量、缝纫工艺和使用设备、工序和工时计算、质量检测标准制定等。工艺设计要灵活考虑工序间的配合关系,合理优化时间,提高生产效率,降低成本。

(四)服装设计的作用

服装设计属于产品设计,为人类提供了最基本的生活用品,满足了人们生理和心理上的需求。服装设计对于衣服设计本身、服装的生产制造以及人们的着装方式都起到了很大的作用。

1.服装设计是服装产生的第一个阶段,设计的好坏直接影响服装的外观形式和最后效果,所以说设计是服装的"灵魂"。服装设计师通过绘画形式表现出服装的款式、色彩、面料、质感,勾勒出人体着装的整体效果,将抽象的形象思维变成具体的图像符号,清晰地传达设计理念和设计意图。

2.服装设计对服装的产生具有指导作用。设计师以绘画形式绘制出服装效果图,是材料选择和工艺制定的依据。一般来说,服装的最后效果要以达到效果图为标准,这就要求从款式到面料、从色彩到工艺细节都要遵循效果图,不能异想天开。在服装设计大赛中,评委总是将选手的实物与入围效果图比较,实物越接近效果图,就说明选手整体效果的把握能力越高。效果图不是一个摆设或一个装饰,一个好的设计师应该学会忠实于自己的想法和构思,竭力实现效果图中的服装效果。但是,由于各种条件的限制,实物总是和效果图有一定的差别。

3.服装设计不只是对衣服的设计,还包括对人们着装方式的设计。着装方式是人们搭配服装样式的方法,不同的着装方式给人以不同的视觉和心理感受。着装方式受到经济、政治、文化、习俗、历史等因素的影响,在一定程度上也反映了人们的生活方式和思想观念。现代人的生活节奏很快,工作生活的压力大,因此喜欢随意轻松的着装方式。

(五)服装设计与其他设计的关系

1.设计的概念。从广义上来说,人类所有生物性和社会性的原创活动都可以称为设计。从狭义上来说,具有功能性、艺术性、相应的科学技术含量和确定的经济意义的设计,是有明确限定的狭义设计,在这里我们讨论的是狭义的设计。

设计的本质就是有目的地解决问题的行为,具有明确的目的性与计划性。设计不只是指视觉上可以感知的形和色,像使用方法、思维方式等看不见的部分也属于设计的范畴。

设计考虑的因素有设计对象、设计目的和设计方式。设计对象就是"为谁设计"的问题,是设计的首要条件,把握设计对象的性格、年龄、习惯、生活环境、审美方式、身份地位等信息,有助于更好地满足设计对象的生理和心理需求。设计目的就是"为什么设计"的问题,一方面,设计的目的是为了满足设计对象的需求;另一方面,设计能美化生活,改善人类的生存环境,提高人们的生活质量。设计方式就是"怎样设计"的问题,包括设计的材料选择、设计手法的选用等。设计方法不仅能改变设计对象的外观形象,还能改变人们的生活方式。设计具有艺术特征、科技特征和经济特征。

2.设计的种类。设计包含的领域非常广,从工业到农业,从经济到政治,从生产到消费,从室内到室外,人类生活的方方面面都会涉及设计。要将众多的设计类型进行整理和归纳非常困难,但是如果按照日本设计师川添登的方案,从人与社会、人与自然、自然与社会的关系的角度来划分就一目了然。

人类为了在自然界中生存,有一种本能的保护需求,通过设计和制作工具达到防护的目的,而制造某种特定工具的过程就是产品设计的过程。服装对于自然来说是一种防寒暑、保护肌肤的工具性装备,所以服装的设计属于产品设计的范畴。人不仅生活在自然环境中,还生活在社会的环境中,人为了和其他人沟通交流,传达信息,就要使用一定的信息传达工具,这就是传达设计的范畴。服装对于社会来说,可以反映个人的性格、地位、思想、文化等信息,属于传达设计的范畴。同时,在自然与社会之间就是人们生活的环境,服装也是构成环境的要素。设计可以分为三个部分:产品设计、传达设计和环境设计。

(1)产品设计:产品的功能、造型和物质技术条件是产品设计的三个基本要素。功能是指产品具有的某种特定功效和性能,造型的设计要依靠对功能的认识和把握,是功能的表现形式;功能的实现和造型的确立需要有一定的物质载体,并需要能实现造型和各种功能的方法和条件,这种方法和条件包括技术、工艺和设备,这些就是产品的物质技术条件。产品设计具备五个方面的要求:功能性、审美性、经济性、创意性、适应性。产品设计分为手工艺术设计、工业设计两类。服装设计属于产品设计的范畴,因此产品设计的要求也直接影响服装设计的要求。

(2)传达设计:传达设计是指在创造过程中,设计者借助一定的物质载体及形态构成来实现构思成熟的形象体系,将内在艺术思维转化为具象的实体,转化为可供人类欣赏的外在审美形象,是设计者实践性的艺术能力的表现。

在定义视觉传达的概念之前,必须先了解"视觉符号"与"传达"这两个概念。广义的符号,是利用一定媒介来替代或指称某一事物的东西。符号是实现信息贮存和记忆的工具,又是表达思想感情的物质手段。

"传达"是指信息发送者向接受者传递信息的过程,它包括人与人之间、人与自然之间、人与社会之间以及人体内的传达。传达思维和语言交流都离不开符号。作为传达设计的一种,服装设计通过服装的色彩、图案、面料等符号来传达信息。

(3)环境设计:环境设计是指对于建筑室内外的空间环境,通过艺术设计的方式进行设计和整合。环境设计通过一定的组织、围合手段、对空间界面(室内外墙柱面、地面、顶棚、门窗等)进行艺术处理(形态、色彩、质地等),运用自然光、人工照明、家具、饰物的布置、造型等设计语言,以及植物花卉、水体、小品、雕塑等的配置,使建筑物的室内外空间环境体现出特定的氛围和一定的风格,来满足人们的功能使用及视觉审美上的需要。

3.设计间的关系。不同的设计类型造就了百家争鸣的繁荣景象,每种设计类型都有其特殊的实用和审美功能,都在遵循一定的设计原则下,极大地满足了人类生理和心理上的需求,改善了人类生存和生活的条件。产品设计、传达设计、环境设计三者相辅相成,缺一不可。不同的行业之间应该相互借鉴,共同进步。对于服装行业的从业者来说,了解各种设计之间的关系有助于设计创作,有利于打破思维局限、拓宽设计思路。很多设计大师都通过借鉴其他设计形式并将其融入设计中,形成自己独特的设计风格。

(1)服装设计与其他设计形式的共性:服装设计和其他设计形式就有着很多的共性。从构成方法来说,都使用了空间、物质、肌理、线条、光线和色彩等设计元素,并遵循规格、比例、统一、变异、重复、节奏、平衡、和谐、夸张、对比等设计原理。它们都是一定的意识形态和审美理想在其形式上的反映;都是源于人们的内在需要;都是人类行为的最初形式;都起到了保护和满足人类最基本自然需求的作用;都与文化及艺术有着密不可分的关系;在不同的文化背景下,人们形成了各自独特的社会心态;都受到各类艺术思潮的影响;都具有时代性和民族性;社会政治的变化与社会经济的发展程度直接影响到这个时期内的审美特征。

(2)服装设计的特性:就使用材料来说,服装一般使用纤维纺织等服用材料,并要借助人体的支撑,所以离开了人体的服装就失去了意义;就环境设计角度来说,服装是个人的、最私密的,是可携带的环境,而其他环境设计如建筑是趋向于公共的、固定的环境;就传达角度来说,服装是以面料、色彩、细节工艺等作为自己的语言符号来传达信息,而其他设计形式如广告设计则是利用声音、文字图片等来传达信息。

三、服装设计师

顾名思义,服装设计师就是从事服装设计的人。由于服装设计属于产品设计的范畴,所以服装设计师也是产品设计师。

(一)服装设计师的基本条件

成为服装设计师的基本条件包括三个部分:知识构成、技能构成和物质构成。

1.知识构成。服装设计是一门渗透着学科交叉的应用性学科。服装设计不是孤立的,它与自然学科、社会学科、人文学科都有一定的联系。我国的许多服装院校开设的服装课程直接涉及营销学、管理学、行为学、思维学和人体工程学的内容。掌握全面的专业知识,是做好设计的基础和前提条件。然而,很多的设计师因为缺乏对设计事业的深入了解,准备不够充分,会遇到很多的挫折,走了很多弯路。有的人虽然叩开了设计之门,并且取得了一定的成绩,但要取得更大的成就还要付出更艰辛的努力。服装设计师的知识构成主要包括以下七个方面:

(1)善于捕捉人体美:善于发现服装和人体的美是一名合格的服装设计师应当具备的首要条件。服装设计需要设计师投入极大的激情,才能不断创新,实现自我超越。一个善于发现美的人,必定也是一个热爱生活的人,会用一颗感激的心来看待周围的事物,这也是提高审美水平的最佳途径。而一个不能认识和发现美的人很难有创造美的激情。角度不同,评判人体美的标准也不一样。有时候,人体的一个动作、一个姿态都能激发设计师的创作灵感。

（2）全面的专业知识：服装设计师与艺术家既相似又不相同，两者都是通过一定的艺术手段来表现设计意图和构思。但是作为产品设计的一种，服装设计还受到设计对象、设计目的等因素的约束，要兼顾形式与内容，不能过于重视形式而忽视了内容；服装产品最终要接受市场的检验，离开内容的形式是"纸上谈兵"，不切实际。掌握全面的专业知识是设计的前提条件，一个只懂效果图而不懂服装结构和服装工艺的设计师，只能被称作绘画师而不能成为好的设计师。

服装设计的专业知识是指与服装专业有关的学科中的内容。美术基础、服装结构和工艺、材料是主要的专业知识构成，良好的美术基础可以保证设计意图清晰明确地表现出来。美术基础可以通过素描、色彩练习来增强。美术基础训练是训练人体造型、色彩感受的过程，具备一定的美术基础，才能快速有效地提高效果图技法。

服装结构和服装工艺是设计实现的桥梁，掌握了这些基本知识，可以加深对服装的理解。设计师在落笔之前要兼顾美观与实用，要考虑设计的造型和分割是否可以制作出来，尤其是在企业生产中，分割和工艺的处理涉及生产成本、加工工序、生产效率的问题，复杂而不实用的分割和工艺会增加工序数量，增加操作难度，加大工人的劳动强度，拉长加工时间，不仅降低了生产的效率，还增加了服装的生产成本。所以在设计中，设计师要深谙结构和工艺的窍门，熟悉制作和生产的特点，尽量避免给生产加工造成不必要的麻烦。

"不积跬步，无以至千里；不积小流，无以成江海。"知识是依靠不断学习总结积累起来的，设计师要充分利用各种机会来提高自己的专业知识水平；不仅要专业过硬，还要博学多识，积累许多的实践经验，完成各种不同要求的设计。

（3）文化底蕴：文化底蕴就是一个设计师的内涵和修养。流行瞬息万变，设计不断推陈出新，各种各样的服装如雨后春笋般层出不穷，文化底蕴最终影响品牌服装的竞争，许多品牌昙花一现，就是因为缺乏文化底蕴的支撑。作为品牌服装构成的核心，设计师的文化底蕴直接影响了品牌服装的市场竞争力。

了解和学习服装史在一定程度上能够帮助设计师提升文化修养。很多设计师在长期的工作中感到才思枯竭，从而不断向民族、民间文化寻找灵感。设计师只有具备了深厚的文化底蕴，才能走得更远。

（4）人际沟通能力：服装设计是一个复杂的过程，服装从设计到制作完成不是一个人能够完成的，设计师要将构思准确地传达给版师和工艺师，不仅要通过效果图的图形表达，还需要经过语言的沟通和交流过程。具备娴熟的沟通技巧有助于信息的传达和实现服装的最终效果，有助于协调各个部门人员之间的关系，提高设计和生产的效率，节省企业成本。良好的沟通能力不仅需要清晰的图形表达能力，还需要设计师熟悉服装的结构和工艺，设计出的款式既要美观，还要适合企业的制作条件。否则，不懂结构和工艺的设计师会让版师和工艺师十分为难。设计师在平时要有目的地训练人际沟通的能力。

（5）把握流行：流行是服装美的标准之一。流行是指在一定历史期间，一定数量范围的人，受到某种意识的趋势，以模仿为手段采用某种行为、生活方式和观念意识时所形成的社会现象。流行首先是通过模仿和重复某些人的行为、意识和观念，在心理上取得相同的效果。服饰文化的流行现象反映了人们的世界观、价值观的转变。

服装的流行面很广，款式、色彩、面料、着装方式等都可以流行。消费者挑选服装的时候，会参考色彩、造型、质地、风格等方面的流行趋势来选择适合自己的服装。流行总是不断变化,设计师要具有敏锐的洞察力,善于把握流行的方向,提高服装的市场竞争力。

了解服装史有利于增强对流行的把握,而服装的流行变化具有一定的周期性,服装的一些基本款式和元素会周而复始地出现。因此,设计师不仅要从现有的流行现象中来获取流行信息,还要积极进行服装历史和源流的探索,从而把握今后的服装流行趋势。

(6)借鉴发挥能力:借鉴是在遵循客观历史规律的前提下,对已有的事物进行参考并用于指导实践。服装设计的过程其实就是借鉴前人的成果进行式样的选择和重构。服装各种各样的式样都是前人智慧的结晶,是一笔宝贵的财富,对于设计师的成长有着很大的作用。牛顿就将自己的成功归结为"站在巨人的肩上"。借鉴不是抄袭和复制,也不是凭空捏造,设计师还要根据设计对象和设计目的进行创新。

(7)市场观念:作为产品设计的一种,服装设计产品最终要进入市场,接受市场的检验。如果对市场一无所知,设计的产品就卖不出去,从而造成大量的积压,使企业蒙受经济损失。

大多数英汉词典中"market"与"sale"的对译都是消费(动词),但是对现代人来说,sale代表的是一种传统的经营方式,即低成本、高效率的生产和竭力地推销产品;而market代表的是一种新的营销理念,它从消费者的喜好出发,然后设法满足他们,并由此获利,这种方式背后的新观念就叫作市场观念(market concept)。

市场观念要求设计师充分熟悉目标市场和目标消费群,可以对消费者的职业、工作环境和生活方式等着手调查,例如,消费者是骑自行车还是自己开车去上班? 做什么工作? 办公室有无空调? 单身还是已婚? 有几个孩子? 收入水平怎么样? 所有这一切都会影响消费者的选择。品牌服装一般都有自己的市场定位，市场定位不一样，产品的风格、价格也不一样。例如，有的公司同时推出高、中、低档价位的服装，以吸引不同层次的消费者。

2.技能构成。服装设计师的技能构成包括三个方面：效果图表达、工艺技能和完成服装的能力。

（1）效果图表达：服装效果图是设计师用绘画的形式表达服装穿着效果和设计意图的工具，是最基本的表现手法，如服装大赛选手就是通过效果图来传达设计构思。服装效果图是整个设计过程的第一步，是设计师与其他部门人员沟通的桥梁。效果图从风格上可以分为写意和写实两种，写意的效果图多出于审美和装饰目的，注重形式美感，表达设计的艺术感悟，是设计师"艺术情节"的宣泄；写实的效果图多出于实用性目的，更注重设计的内容。深厚的绘画功底有助于效果图的表达。电脑软件的强大设计功能可以帮助设计师更快更好地完成设计，掌握一定的电脑设计技能，是高速发展的现代社会对新一代设计师提出的要求。一般的实用绘图软件有Photoshop、Coreldraw、Illustrator、Painter等。

（2）工艺技能：工艺是指依靠外力使各种服装材料按照人的要求形成特定形态的方法，设计时需要设计师手脑并用。工艺是服装制作的关键，选择不同的工艺会产生不同的视觉效果，许多工艺细节的处理都需要设计师亲手操作，才能达到预计的效果。许多设计大师如伊夫·圣·洛朗、皮尔·卡丹等都具备很高的工艺技能，香奈儿亲手制作的帽子以造型幽雅、工艺考究而出名。

（3）完成服装的能力："完成度"是服装最后效果完成的程度，是衡量一个作品好坏的标准之一。服装也不是一次成型，不仅要在效果图上清晰地表现，还要依靠结构工艺进一步完善，在这个完成的过程中，设计师应该像对待艺术作品那样对待服装，不厌其烦，耐心修改，不断修改完善，提高服装的完成度。

3.物质构成。如何将自己的设计才华和设计理念推销给市场,设计师往往会选择时装发布会的形式。但服装业是一项需要很大资金投入的行业,从购买材料到加工运输,从租借场地到招聘模特,从邀请媒体到广告宣传,从后勤接待到灯光道具等都需要资金,如果没有强有力的资金保障,其作品也只能是望洋兴叹了。设计师本身的名望是一笔无形的资产,可以以此来筹措资金兴办公司或举办发布会。著名设计师迪奥的成功就是一个很好的例证。第二次世界大战结束后百废待兴,纺织服装市场萧条,而迪奥已经敏锐地感觉到时装流行的趋势。他在棉花大王马赛尔·布萨克的资助下开办了自己的设计室,推出了新风貌(New Look)女装,女性味十足,轰动一时。所以说设计师要善于利用外界条件来表现自己的才华。

设计师要取得成功,资金是基础;自己没有资金,也可以凭借自身的才华和影响力获得他人的资助,找到通往成功的路。

(二)服装设计师的心理条件

服装设计师的心理条件包括五个方面:职业精神、敏锐的洞察力、个性、创新意识和人格魅力。

1.职业精神。也许有的人认为服装设计行业只要有了很强的设计能力就可以了,但是,"要做名师,先做好人",作为一个人,要立身处世,还要具有一定的职业精神,人的品德、人格、修养和设计能力一样重要。"德才兼备"才是一个好的设计师,"德"是为人处世的态度。一个设计师,设计再优秀,如果人品不正,自私自利,难以合作,也不能得到同行的信任。

职业精神包括职业道德,即职业操守。设计师受企业所托就要忠于企业之事,不仅要出色地完成本职工作,还要为企业保守商业机密。好的设计师不只是完成规定的设计任务,还要精益求精,达到服装最完美的效果。"梅花香自苦寒来",只有本着对设计的无限忠诚和具备锲而不舍的毅力,才能成为一名优秀的服装设计师。

2.敏锐的洞察力。服装与人的关系十分密切,社会动态的变化、服装市场的走向、消费群体的审美观念以及心理倾向都会引起服装需求的连锁反应。潮流的更迭速度如此之快,如果缺少敏锐的洞察力和判断力,设计的产品不符合流行趋势,就会缺少市场竞争力,造成产品积压,给企业带来经济损失。设计师不仅要从直观的服装图片和资料中寻找信息,还要从纷繁庞杂的社会现象中寻找突破,善于分析把握变化的因素。

3.个性。个性与共性相对,是个体表现出的与众不同的特性。具体表现为对相同事物的不同观念,独到的见解,新颖的设计理念和设计构思等。设计师要从众多的同行中脱颖而出,靠的就是个性。个性表现在服装上就是服装的风格,风格是设计师个性的标志,一旦形成了个人的风格,就可以让人一眼辨别出来。许多国外的设计大师都具有个人独特的设计风格,我们所熟知的日本设计师高田贤三①的服装色彩极其丰富华丽,具有浓厚的民族特色;香奈儿的高级时装是高贵和优雅的象征。但是个性并不等同于好的设计作品,有的人唯恐自己的设计没有个性,企图以外表的极端化来博取他人对自己个性的认同,这是对个性的认识的片面和肤浅造成的。

4.创新意识。服装设计师只有具备创新的意识才能不断挑战自我、超越自我。跟在别人后面亦步亦趋是无法实现突破的。许多设计师喜欢模仿自己喜欢的设计大师的作品,在学习的初级阶段这种模仿无可厚非,是必需的借鉴和参考,是设计师成长的途径,但是一旦习惯了模仿就会渐渐缺乏创造力和想象力,从而失去自己的个性。

---

①高田贤三,生于日本兵库县姬路市,日本时尚设计师。著名时尚品牌Kenzo(包括香水、化妆品及时装)的创始人。

　　设计中的创新包括服装材料创新、服装结构创新、服装款式造型创新、工艺手法创新和设计理念创新。

　　（1）服装材料创新：包括材料本身的创新、常用材料的用法创新和不同材质的搭配创新三个方面。通过对服用面料表面进行处理，产生特殊的肌理效果，使之呈现出与以往不同的视觉效果，很多的服装院校也开设这样的课程，指导学生进行材料的再创造；使用一些平时不经常使用的材料，可以为设计注入新鲜的活力，尤其是在设计大赛中，新颖的材料结合、恰当的设计能让人眼前一亮，如有设计师曾经通过白纸的折叠、组合设计出一系列富有立体构成感觉的服装，引起轰动；材质的不同搭配会给人以不同的视觉效果，材质的厚薄粗细、色彩的冷暖深浅、光泽的强烈柔和都影响搭配的效果。例如，硬挺厚重的面料与轻薄的面料刚柔相济，丰富了服装的层次，两者相得益彰。设计师要善于把握各种材料的特性，学会运用材质的搭配制作出独特的服装。

　　（2）服装结构创新：服装的结构创新建立在设计师对服装结构深入理解的基础之上，不是一般人可以做到的。人体是服装产生的依据，理解服装结构首先要理解人体结构。

　　（3）服装款式造型创新：一般来说，服装款式的创新并不容易，从服装产生的那一天起，各种各样的服装款式层出不穷，服装样式应有尽有。很多时候，设计师要借鉴和参考前人的款式，借鉴不是盲目地模仿或抄袭，而是有目的、有针对性地"取其精华"，使"物为我用"。

　　（4）工艺手法创新：新工艺的运用可以达到新的装饰和审美效果，新的工艺可以改变服装的制作方法、优化工序设计。现代设计更加注重工艺间的综合运用，例如，印花与钉珠的结合、刺绣与钉珠的结合、机器加工与手工的结合等。

(5)设计理念创新:设计理念是设计师用来指导设计的原则,不同的设计理念指导下的设计会产生不同的结果。设计理念的创新要打破传统,充分展示个性,有"朋克教母"之称的维维安·韦斯特伍德的设计风格叛逆颠覆,完全不受世俗传统的束缚,是前卫派的极致代表。浪荡不拘的模样,图样血淋淋的T恤,假皮的灯笼裤,绝对抵抗到底的态度,就是维维安·韦斯特伍德演绎个人品牌时的重要戏码。维维安·韦斯特伍德为20世纪70年代的摇滚朋克与20世纪80年代的新浪漫主义作了明确的批注。当然,对传统的反叛不是荒诞无稽的,最终的作品如果不能得到社会的认可还是昙花一现。

5.人格魅力。服装设计师的人格魅力是指一种特殊的个人魅力或感召力,具有人格魅力的人能赢得群众的热爱乃至崇拜。政治领袖、军人、艺术家和歌星常常具有这种魅力。设计师不仅要设计衣服,注重作品的展示方式、设计师的自我形象以及设计师的生活方式等。设计师通过设计作品来展示创造力,通过独特的形象展示个人魅力。设计师的个性形象不仅能够激发人们对设计师本人的好奇和崇拜,还能引起媒体的兴趣和关注,频繁的曝光率能够加深消费者对设计师本人和设计作品的印象。有名望的设计师就像影视明星一样时时引起人们的关注,也是很多设计从业者崇拜和模仿的偶像。

(三)服装设计师的成长途径

1.服装设计大赛。在世界范围内,每年都会有很多的设计比赛,主办方可以是工商业机构,也可以是政府的有关部门和有实力的厂商。尚未成名的设计师可以通过参与服装设计大赛来扩大视野,在选手之间的相互交流中提高自身的设计水平;如果获奖,还可以提高知名度。世界上很多大师都是通过参加大赛崭露头角的。优秀的设计师脱颖而出,有如鲤鱼跳龙门,一跃而跻身为时尚领军人物,如为人所熟知的伊夫·圣·洛朗和瓦伦蒂诺都是由大赛而出名,瓦伦蒂诺曾经获得过时装界的"奥斯卡金像奖"——奈门·马科斯奖。

就服装设计的构思而言,可以分为两个大类:艺术类和实用类。前者注重设计师的想象力和创造力,可以运用各种手段来营造作品的视觉效果,造型可以十分夸张,不必过于考虑服装的实际功能。但是随着市场观念的深入人心,设计比赛越来越注重服装的实用功能,很多设计大赛就是以某个品牌的名义举办,旨在针对市场,挑选出好的设计作品,具有一定的功利性。

服装设计大赛包括综合类和单一类。综合类设计比赛要求设计师运用不同的材料进行设计,基本上对服装种类没有限定,男装女装都可以,如国内的"兄弟杯"、国外的奈门·马科斯奖、法国的"金顶针奖"、美国的科蒂时装评论奖等。单一类的设计比赛则会限制服装种类,从材料上可以分为裘皮服装大赛("Saga"毛皮饰边比赛),牛仔服装大赛,针、编织服装大赛(如"新西南羊毛"杯编织服装大赛、Sonia Rykiel针织服装设计大赛),还有如"YKK"设计大赛就是针对拉链的功能进行创新设计;从性别年龄可以分为男装、女装和童装大赛;从服装的不同功能可以分为泳装设计大赛(如"浩沙"杯国际泳装大赛)、运动装设计大赛(如日本的Mizuno体育运动服装比赛)、职业装设计大赛(如学生装设计大赛)、休闲装设计大赛("真维斯"杯服装设计大赛)、婚纱设计大赛等。设计师就要根据不同的类别参赛,有的放矢。

2.时装发布会。时装发布会是时装工业的产物,正规的时装发布会要追溯到1910年美国中西部举行过的几次小型发布会。目前,人们公认的第一次发布会是1914年1月著名的《时尚》杂志在纽约举办的第一次发布会,命名为"纽约时装节"。时装发布会虽然是以视觉效果为特征的舞台活动,但是却有异于舞蹈表演、选美表演、健美表演和广告,它主要体现了时装款式、色彩、面料和各种附属装饰品。时装发布会是厂商和市场、设计师与消费者之间沟通的桥梁和媒介。为了给新闻记者、订货者和消费者留下深刻的印象,时装发布会常常采用被社会心理学家称为"突显"的方法,很多设计师为了彰显其作品的与众不同,就使用一些奇特的造型来获得新闻媒介的重视,或者利用一些特别的舞台、灯光、音乐背景来烘托主题。

时装发布会的作用有三个方面:预示下个季度的流行趋势,包括款式、色彩、面料以及搭配方式等;宣传和扩大服装品牌或设计师以及服装企业的知名度,频繁的曝光率可以加深消费者对服装的印象,保持品牌和企业的竞争力;发布会是设计师和厂商、零售商以及消费者之间沟通的桥梁,很多零售批发商都是发布会的忠实观众,他们具有丰富的市场经验,为设计师对市场的把握有一定的指导作用。

发布会具有明确的商业宣传性,如巴黎高级女装发布会针对的消费者是各地的皇室贵族、明星权贵等。但是,时装发布不是时装展销会,它不仅向厂商展示设计师对时装流行趋势的把握和理解,还起到引导消费的作用。

时装发布会需要一定的资金投入,往往涉及一些细节问题。例如,事前要有详细的计划书、收支预算,以便布置场地、邀请媒体、试衣彩排等,尽量考虑得周详细致,才能取得较好的效果。

媒体对于企业、设计师和品牌的宣传有很大的作用,协调好与媒体的关系能有效提升知名度。新闻界包括电视、报刊、电台和网络。一般来说,电视传播的速度最快。

3.企业社会实践。"实践是检验真理的唯一标准",设计师的作品最终要接受市场的考验。从大的方面来看,服装可以分为定做的高级服装制作和成衣的批量生产。这里主要针对成衣的生产进行讨论。大型服装企业分工细化,权责明确,有专门的设计部门负责服装的设计工作;独立的制版部门负责服装的结构设计;工艺部门负责服装的后期制作,这些也是社会大分工的特征。小型服装企业由于条件的限制,分工不明确,对设计师的综合技能要求比较高,很多时候设计师不仅要设计,还要打版和缝制样衣。一般来说,由于服装具有时效性,因此服装的设计都具有"超前性",一般即将推出市场的服装要提前几个月到一年时间准备筹划,许多国际上的大公司都是提前两年开始筹划准备。比如,冬季的服装一般在春夏季节的时候就已经开始设计和生产了,如果等到冬季再做就来不及。人们经常看到的发布会也是针对下一季或下一年的。

在企业的实践中,设计师不仅可以了解服装设计的全貌,还可以了解生产加工、市场销售等知识。一般而言,大的企业或公司都会聘请有丰富设计经验的设计师担任设计总监。在接到设计任务或设计合同后,设计总监组织设计人员调查市场、策划方案。方案一般包括服装的款式、色彩和面料。在这个过程中,设计师可以学到很多学校里学不到的东西。设计方案通过之后,要经过打版、试制样衣的环节将设计构思用实物的形式表现出来。一旦样衣被认可,就可以到车间批量生产加工。

生产过程不仅是服装批量生产的环节,很多材料的加工问题同时会反馈到设计师那里,有利于设计师提高对服装材料的认识和把握。生产环节包括了生产计划、物料清单、车间管理、定额管理、生产物流、生产日报、生产查询等。质量是服装美的评判标准之一。质量管理系统由质量系统定义、质量检验、质量控制和质量保证四个部分组成。质量管理系统在设计时整合了国内外目前最先进的质量管理体系和技术(如:6 Sigma、ISO9000),其穿插在企业业务管理的每一个重要的环节(IQC、IPQC、OQC)。运用质量管理系统将会提高业务生产过程的成品率、降低返工率、减少资源浪费,使企业最终能达到很高的质量水平,并可以大大提高客户满意度。

在组织设计开发和生产成衣的同时,销售部门也制定出一系列相应的促销计划,如举办新产品订货会,利用各种媒体广告进行宣传和推广,企业通过与客商的交流沟通,将市场的情况反馈给设计师,有利于设计师对市场和流行趋势更好地把握。销售的作用包括两个方面,一个方面就是及时反映、监控和异常情况处理,另一方面就是服务的延续性。销售不能和生产脱节,销售部门要掌握订单在生产过程中的情况,准确答复客户,避免造成客户对公司的不信任。

"宝剑锋从磨砺出",服装设计师要充分利用企业实践的机会来锻炼自己的能力,只有能经受得起市场考验的设计师才是一名合格的设计师。

第二节 服装的流行现象

服装的变化现象和本质是相对的,现象是一种外在表象,分为真相和假象,真相是本质的真实反映,假象不是本质的真实反映。在服装的变化中也存在很多的假象,需要人们仔细辨别,去伪存真。被多数人认可和接受的服装才能称为流行的服装,流行现象是被大多数人接受的主流着装现象。本质是事物的根本性质,认识一个事物要从本质出发。抓住服装变化的本质才能从根本上把握服装。

服装中的稳定是相对的、暂时的,在流行期的流行服装相对来说形式比较稳定,但是一旦流行的风向转变,这些服装也就过

时了。和"流水不腐"的道理一样,服装变化是绝对的和永恒的,
只有不断变化发展的服装才能保持旺盛的生命力。不论服装如
何变化,其本质是不变的,服装始终是为人穿着,基本功能不会
变,离开了人这个中心,就没有服装可言了。服装的形成不是一
蹴而就,服装的变化不是一朝一夕,而是在遵循由表及里、由深到
浅的规律基础之上不断推陈出新。和其他事物一样,服装应时而
生又适时而变,受到客观规律的制约。

一、流行

(一)流行的定义

流行是一种迅速传播而盛行一时的现象。流行有着深深的
时代烙印,经济、政治、文化、生活方式、意识形态的变化都会影响
流行的变化。流行的内容很广,不仅服装、建筑、日常用品、音乐、
舞蹈、体育运动等人类实际生活领域存在流行,而且人类的思想
观念、宗教信仰等意识形态领域也存在流行。流行源于人们对身
份地位、对美和新奇东西的追求以及对使用物品的需求等。希望
与众不同,突出自己,不满足于现状,喜新厌旧,不断追求新奇和
变化的求变心理是服装流行的原动力。需要强调的是,并不是成
为流行的都是高尚的。流行的高低档次和信奉该流行的人群素
质有很大的关系,一般积极乐观的人群喜欢高品位的流行,而精
神消沉的人群喜欢一些颓废的流行。作为服装设计师来说,应当
具备好的、高雅的审美眼光,设计美的、高品位的服装,积极引导
消费者,给人以精神上的享受。

服装的流行现象是流行本质的反映,是主流审美意识的趋
向,体现为流行时期内大多数人们的着装样式和形式。通过服装
流行现象的分析和研究,可以预知流行的风向,对服装设计师有
着重大的现实意义。

(二)流行的本质

1.流行与变化(标新立异)。流行通常与传统相对,传统是那些社会固定化的常规。流行的表现就是求"新",求新就要变化,没有变化就无所谓"新"了,所以变化是流行的灵魂。不"破"则不"立",流行就是在打破旧常规的基础上建立起来的、被多数人接受的新规则,例如,新的思想、新的产品、新的生活方式、新的环境等。流行具有时代的特征,某个时代流行的东西虽然打破了当时的一些传统和常规,但一旦时代发展了,就会被新的东西取代,流行也就跟着过时了,那么这些过了时的流行,有的形成了传统,有的成了经典,是特定时代的标志。处于某种流行中的人们,既希望迅速融入流行中,寻求心安理得的惯性心理,同时又受喜新厌旧的求变心理支配,流行也是在这种心理的矛盾中不断变化和发展的。

2.流行和模仿(大众化)。塔尔德认为,人们的行为受到周围人的影响,是一种暗示和模仿。人们的模仿能够推动流行。模仿是在模仿者与被模仿者之间存在同一环境,通过一方的刺激,另一方被诱发而产生的。例如,小企业对大企业的模仿,能得到同样的管理方式;对强者的模仿,可以在心理上得到同等优越地位的感受;对美和流行的模仿,可以获得被称赞的喜悦。直接模仿是原封不动地抄袭,不假思索,形似而神不凝是一种盲目的模仿;间接模仿加入个人见解并结合时间场合等客观现实因素,这种模仿能够促使流行迅速扩大;而创造模仿是有主见、有目的、有选择的部分模仿,"取其精华,弃其糟粕",这种发展模仿形成流行的个性化现象。

3.流行的过程。流行的普及可以分为三个阶段:盲目追随阶段、积极追随阶段和消极追随阶段。第一阶段的模仿者多为那些求变心理比较强的人,是一些狂热的流行追随者,他们不仅对新的流行十分敏感,而且还毫无目的地模仿和追随。许多流行只是在这些人当中被模仿后很快就消失了。但是,从众心理强的人不会马上投入这样狂热的模仿中,他们相当冷静,用自己的价值观念对新的流行现象进行分析和判断,肯定其中新的因素,抛弃其偏激的成分,充分进行权衡和比较,然后才进行间接性的模仿。他们的着装会更加贴近现实生活,又别致新颖,所以一旦这些人开始改变后,就会引起很大范围的流行,继而又有很多人加入其中,流行就此进入积极追随阶段。这些"第一个吃螃蟹的人"可以称为个性追随者,是流行的领头羊。从众追随者受到"不能落伍"的从众心理支配,参与个性追随者扩大的流行,他们相对积极追随者来说显得被动和消极,他们的参与使流行在最大范围内得到普及,流行也因此而失去了魅力和诱惑,没有了新鲜感,预示着新一轮流行的开始。

4.流行的要素。形成流行的要素主要有四种:权威性的、合理实用的、新奇的、美的。不同时期对这些要素的侧重也不同,不同的要素组合形成的风格也不一样。流行方向可以分为三种:自上而下式、自下而上式和平行移动式。例如,21世纪的服装流行多显示出对权威的追随,呈现出一种自上而下式,但是民主化使现代的流行更加重视合理的功能性和实用性,流行的方向也趋向于水平的横向扩张。服装的流行最重要的是美和新颖,缺乏这两个要素,就很难形成流行了。

5.流行的周期。流行具有一定的周期性,是反复规律的表现。反复是一种客观自然规律,从生命的产生和消亡,从人类自身的变化和发展,都经历一个生息轮回的过程;同样在艺术审美中,反复也是一种形式美法则。流行的周期主要受到社会环境的制约,特别是决定人类生活方式的经济基础和与之相应的上层建筑直接左右着流行的寿命。随着生产技术和科学的进步,流行传播的速度越来越快,短时间内可以覆盖很广泛的区域,因此流行的周期也越来越短。

二、服装的流行

(一)服装流行的界定

服装中的流行是指在服装领域里占据主流的服装流行现象，流行的服装是被大多数人广泛接受的服装风格或样式。服装中的流行是众多流行中的一种，与人们的日常生活有着最直接的联系。

(二)服装流行的内容

1.款式的流行。服装款式的流行包括服装的外轮廓和主要部位的变化特征等方面。服装款式的流行具有时代的表征性，一个时期的服装都有其特定的代表样式，同时，诸如装饰手法、装饰图案等细节和部位也有其自身的变化趋势。服装款式的变化主要有六种：简繁对换规律、循序渐进规律、终极而返规律、系列分化规律、性别对立规律、强化功能规律。

服装造型存在简洁、烦琐两种风格，简洁不是简单，烦琐不是累赘。简单的款式也可以做出很丰富的效果，烦琐的款式也可以给人以概括精练的感觉。设计语言最忌讳毫无目的地堆砌和没有内容的空洞。简洁就是精简到极致，每一根线、每一个细节都是经过精心思考和设计的；烦琐也要将不同的元素和谐有序地搭配，才能既丰富又不杂乱。服装的风格总是在不断变化发展的，简洁与烦琐相辅相成，没有哪一种可以成为永恒的时尚。

循序渐进的规律：人们思想意识上的不断变化、观念形式上的开放推动了服装设计概念和形式上的变化。

终极而返的规律：服装的造型可以极度夸张，但是，当夸张到一定程度的时候，就会朝向它的反方面。造型的极端有长与短、宽与窄、大与小、方与圆、高与低、正与斜、柔与刚等；从服装立体造型来看，有重与轻、厚与薄、凸与凹、平与褶、空与实、粗和细；从表现形态上来看，有软与硬、皱与挺、飘与僵、光与糙、轻与重、亮与暗、素与花等。

2.色彩的流行。色彩流行是指在一定时期和地域内,受到消费者普遍欢迎的色彩组合,是市场上最畅销的颜色。很多公司在进行产品规划之前都要对流行色彩进行调查,以更好地迎合市场。在做生产计划前都要参考流行机构发布的流行色预测,以更好地把握色彩的流行方向。

3.面料的流行。面料的流行是指面料的原料成分、织造原理和图案工艺呈现出的外观效果。面料的流行考虑季节性和穿着方式等因素。

4.纹样的流行。纹样的流行是图案、样式的风格、形式等的倾向,主要包括以下几种:几何形、花卉、风景、人物、动物、静物、植物等图案的表现技法。不同的纹样给人以不同的视觉感受和心理感受,现代服装的纹样设计将不同风格的图案相结合,产生出独特新颖的纹样形式。例如,将民族图案和运动图案结合在一起是近年来的一大流行趋势。

5.工艺细节的流行。工艺细节包括很多方面,例如,缉明线、印花、开衩、滚边、抽褶等。工艺细节的流行与人们的思想意识、生活方式有很大的关系。例如,现代人生活比较随意,在服装的细节上,多采用各种各样的抽褶方式以产生随意、活泼的线条。

6.着装方式的流行。着装方式就是人们搭配服装的方式,搭配方式的不同可以呈现出不同的风格,给人以不同的视觉效果和心理感受。现代设计中,很多时候设计师不仅要设计出新颖的服装款式,同时还要设计出新的搭配方式,这些也是服装第二次设计的内容。

7.妆容的流行。妆容在现代社会中越来越重要,不同的妆容给人以不同的视觉感受。同时,为了配合服装的风格,人们也需要了解各种化妆产生出的不同效果。例如,烟熏妆就是在人的眼圈周围涂上黑色的、类似于烟熏一样的颜色,给人以颓废和神秘的感觉,充满了诱惑感。在许多国外大师的时装发布会上,为了配合设计师的设计理念和服装风格,模特的发型也做出特别的造型,有的古怪离奇,有的新颖夸张;妆容也是各式各样,这些都是发布会上的一大亮点。奇特的装扮也吸引了新闻媒体的主意,增加了设计师的曝光率,加深了人们对服装的印象。

三、服装流行的原理

(一)实用原理

服装是人的第二皮肤,有防风挡雨、增加人体的抵抗能力的作用,具有一定的实用功能。服装的实用功能也是促使服装流行的因素之一,它随着时代的进步而进步,当旧的功能不能满足新的需求时,就会催生出新的、更实用的服装样式。

服装流行的产生必须在一定的时间内有相当比例的人来穿着,所以很多厂商为了吸引消费者集中注意力,对所生产的产品和新的流行概念进行大肆宣传,促使流行向着一个方向发展,这也是形成流行的原因之一。

(二)审美原理

人们有被爱和被关注的需要,除了用言行来证明自己的价值以外,人们还可以通过具有审美功能的服装来获得别人的关怀和认可。当人们第一次见面的情况下,都希望给对方留下深刻的印象,同时也希望了解和摸清楚对方的情况,但是在很多现实条件不允许的时候,只能借助于服装这个手段,通过对方的穿着打扮初步估计对方,以做出相应的反应。服装可以扬长避短,修饰和美化人体,使人们在待人接物的时候更加自信,因此,好的服装式样的出现会刺激人们的消费欲望。

很多没有个人穿着风格的人不知道穿着什么比较合适,人们穿着的"从众心理"使得他们不得不对多数人认可的模式进行积极模仿,以期望获得社会的认可。

四、服装流行的形式

流行的服装是在一段较长的时期内人们普遍采用的某种款式的着装现象。人们普遍选取的款式,一般都具有美观和优良的价值。服装的流行,使人们对某一类款式广泛认同,使其流行范围扩大,这说明人们的价值观念正经历从少数到多数的过程。在服装流行的初级阶段,只有少数人能接受,但是当多数人也对某类服装趋之若鹜时,这类服装就可以迅速地流行起来。服装流行的形式一般有三种:自上而下的形式、自下而上的形式、平行移动的形式。

(一)自上而下的形式

德国社会学家新康德派别西梅尔提出来一种流行理论,他认为流行是具有高度的政治权利和经济实力的上层阶级通过下层阶级的播放逐渐渗透和扩大到整个下层社会的,以致使得上下两个阶级之间的界限变得模糊不清,于是上层阶级的人们又创造出能象征和表现其地位的新流行,以示区别,如此反复下去。

这种自上而下的流行形式是指服装从社会上层向平民百姓流行的形式,是服装流行比较广泛的流行形式。"上"代表的是社会上层,如皇宫贵族、社会名流等,他们是平民百姓关注的对象,他们的服装也是人们模仿的对象。例如,前王妃戴安娜气质高贵,众多的女性争相模仿。一种服装首先在上层社会中流行,一旦传入下层社会并被复制和最后普及,上层社会便开始寻找新的事物,于是就有了新的一轮流行。但是自上而下的形式已经不能解释很多现代社会中的流行现象。

(二)自下而上的形式

美国社会学家布伦伯格在研究分析20世纪60年代以来的美国社会时提出来一种理论,认为现代社会中许多流行是从年轻人、黑人、蓝领阶层以及印第安人等"下层文化"兴起的,也就是说,下层文化层掌握了流行的领导权,上层社会的人们受到这种"反阶级""反传统""反文化"的、超越常规的新流行的冲击,被这种新奇的、前卫的样式所标志的"年轻"和"新颖"的魅力所折服,逐渐承认和接受这种流行,这就形成了一种自下而上的逆反形象。例如,众所周知的牛仔服装最初是由美国西部的淘金热而起,牛仔服装因其耐磨、价廉而深受淘金矿工们的喜爱,以至于成为典型的作业服装。后来由于各种文化的交融,牛仔服装开始出现在时装中,直至今日,牛仔服装已经变成前卫或休闲时装的一种。

(三)平行移动的形式

在现代社会中,工业化大批生产的特点和现代信息社会媒体传播的大众性,可以将有关流行的大量情报同时向社会的各个阶层传播,网络的发达更加速了信息传播的速度,人们几乎在同一时间可以接收到同样的信息。各种各样的发布会、服装展览激发了消费者的从众心理,于是,流行的实际渗透是从所有的社会阶层同时开始的,这种水平流动理论能够更好地解释大众市场环境下产生的流行新现象。平行移动的流行形式最大众化,也很容易失去流行效应,所以,要想保持一定时期的流行热度,不仅要依靠强大的广告宣传,还要真正做好服装、做好市场。

五、服装流行的特点

(一)时效性

服装流行是一个时代的反映,时代不同,服装的流行也不一样。服装只有在大多数人穿着的时候被称为流行服装,一旦流行的风向变化,没有人穿着了,服装也跟着过时了。即使很多年后,有相同风格的服装出现,也已经不是原来的面貌了。所以,服装的流行是与时代密不可分的。在现代社会中,由于大众市场的竞争激烈,为了打造自己的市场,分众市场在主流的市场中分化出自己的阵营,逐渐占领了一席之地,同时也领导了分众市场的流行趋势。例如,在内衣市场竞争激烈的时候,有的公司提出了与内衣相区别的"保暖内衣"和"塑形内衣"的概念,从而分化出保暖内衣和塑形内衣的市场,营造出自己的天地。

(二)上升性

服装是人们精神的体现,而服装设计是以改善人类生活条件、塑造美的形象为目的,所以服装的流行是积极上升和不断进步的,是朝着美和高层次的方向发展的。

(三)循环性

服装流行的循环不是机械式的重复,而是螺旋状的上升。在循环的过程中流行服饰加入了符合时代的元素,注入了新的活力,赋予了新的理念和精神。即使流行的风格一样,其表现手法、面料、色彩、工艺以及装饰手法都已经大不一样了,虽然能够辨认出来,但也只是一个大感觉而已。

(四)渐进性

就像服装设计一样,服装的流行不是一朝一夕形成的,其流行一般有一定的先兆,最初流行的样式一般只有少数人穿着,这些人多数个性突出,喜欢求新求异、与众不同,敢于挑战传统;随着模仿的人数增加,更多的人加入流行中,流行便在更大的范围中流行起来。

(五)传播性

传播是服装流行的重点,也是流行的重要方式和手段,没有传播就难以产生流行。服装流行传播的途径主要有大众传媒、时装表演、影视艺术、展示博览、社会名流以及人们之间的相互影响等。

大众传媒是指由一些机构和技术媒体所构成的专业化群体,通过技术手段和设施向为数众多、分布广泛的公众传播服装流行的信息,由于传媒的发达,现代服装流行的传播使得人们在接受流行信息上具有同步性。很多的传媒可以同时进行传播和推广,从而使得服装的流行信息在大范围内得到普及和推广,加快流行的传播速度。

(六)层次性

从流行发布者的角度来说,服装的发布具有层次性,一般都是从国际专业机构到国内专业机构,从专业机构到服装企业,然后到消费者的传播,由上到下。从消费者的角度来说,流行的传播因人而异,有一定的差异性。由于人们的身份地位、思想认识、文化修养、地理环境等各方面的差异,人们接受流行的方式和程度也不一样。同样流行的服装,年纪相仿的大学老师和大学学生就不能穿着一样,老师有一定的职业规范,而学生就没有特定的约束。

六、服装流行的预测

(一)流行预测

1.定义。服装流行预测是指针对服装,在归纳总结过去和现在服装及相关事物流行现象和规律的基础上,以一定的形式显现出未来某个时期的服装流行趋势。

2.内容。流行的预测,从内容上可以分为量的预测、质的预测和全新样式的预测三个方面。

3.方法。流行测试是对未来几个月或几年内会出现的现象进行初步的估计,从而作为产品规划或市场战略调整的依据,具有前瞻性和计划性。但是既然是预测,必定会与实际情况有偏差,这也是预测难以避免的。但是总的来说,根据心理学、管理学、形态学等理论指导,现代的流行预测是有计划有根据的,是经过市场调查分析后得出的结论,所以具有一定的科学性和可信度。流行预测的方法一般有三种:问卷调查法、总结规律法和经验知觉法。

(1)问卷调查法:问卷调查法是指根据调查目的设计出有效问卷,要求被调查者解答并从中得出结论的方法,也是最常用的方法。由于在设计问题之前经过筛选,问题目的性很强,同时也具有针对性,所以这种方法得出的结论比较客观。调查法得出的结论建立在部分人群的基础上,所以问题的数量、范围、答卷人数、层次等都会影响到结论的准确性。如果处理不当的话,调查结论会与实际情况相差很大,给生产造成误导。

(2)总结规律法:总结规律法是指根据一定的流行规律推断出预测结果的方法。流行是有规律的,但是流行规律中有很多变化的因素。很多流行预测机构根据历年来的流行情况,结合流行规律,制定、策划下一季的产品。这种方法相对来说比较主观,人为因素比较多,但是比问卷法省时省力。由于个人因素占主导,所以容易产生偏差,同时对预测者的压力十分大,很多企业都要征集权威人士的意见,共同探讨以得出结论。

(3)经验知觉法:很多时候,有经验的服装从业者对流行很敏感,他们往往就是公司或企业的设计总监。由于设计总监有很丰富的设计经验,同时也肩负着整个公司的设计重任,所以其对市场更加熟悉。但值得一提的是,很多大品牌的风格一如既往,没有很大的变化,所以,设计师都有很固定的风格路线,流行预测报告起的作用并不大。

(二)服装流行的运用

人们追随流行的心理主要有追求实用的心理、社会性表现的心理、求美的心理。

1.追求实用的心理。人们的使用价值观念包括保暖护体、防止损伤等,新功能的出现也能吸引人们的视线。例如,家电产品特别是电脑的普及使用,使得电磁辐射对人体不利变得十分普遍,一些防辐射服装产品的出现马上赢得了市场,尤其是针对小孩、操作电脑的工作人员以及孕妇等人群设计的服装十分受欢迎。很多产品就是依靠新功能的使用价值取胜。

在大众市场竞争白热化的今天，避开锋芒，剑走偏锋，也是许多小众市场取胜的关键。例如，当女装、男装、童装市场打成一片的时候，不要盲目地投入其中，因为大家都看得到的利润一定竞争十分激烈，反而是那些一般人都认为不可能有市场和利润的地方竞争小，而且利润率更高。例如，在中国孕妇装品牌十分少，而全国的生育率为1%，全国孕妇人数为1300万～1400万，为孕妇专门设计的时尚、实用的孕妇服装特别少。因此，针对特殊的人群，如果能够做出功能完备和针对性强的服装，就可以运筹帷幄了。

2.社会性表现的心理。服装能够显示着装者的地位、身份、阶层、文化层次和修养等，因此服装具有社会象征的作用。商家可以利用这种心理作用生产出能够满足消费者不同需求的服装。例如，西方的贵族阶层服装往往十分昂贵，款式新颖，做工考究，以显示自身的高贵血统；白领阶层虽然不是最高领导阶层，但仍然希望将自己和一般体力打工者区分开来，显示自身有文化、有修养的一面，所以企业可以根据这类人群的特点专门设计服装，以期很好地满足他们的需求，从而获得自己的市场。

3.求美的心理。爱美之心，人皆有之。人们对美的孜孜不倦的追求是服装流行不断变化的原动力，服装的美通过服装这个媒介传达给人们。服装的美不仅包括款式、面料、色彩的美，还包括流行美，一件衣服不管穿着多么合体和舒适，但人们往往认为过时了的服装就已经不美了；而且如果一意孤行、坚持穿着的话，走在大街上就会格格不入，马上感觉到落伍了。从众心理促使人们购买新的、时尚的服装，以期获得社会的认同。

第三节 服装的分类与设计

古今中外,服装从款式到色彩再到面料,都在不断变化和发展并呈现出丰富多彩的面貌。服装确实是一个十分笼统庞大的系统,不能简单地将其归纳为男装或女装,因为女装中也分为很多种类,例如,女西装、女衬衫、女裙、女大衣等。而女裙从裙长的角度又可以分为连衣裙、短裙、背心裙等。短裙还可以分为超短裙、及膝裙、短裤裙等。所以分的角度不同,分出的结果也不一样。在现代服装设计中,策划和指定产品之前要结合消费对象,考虑到季节和对象的年龄、性格、身份、生活方式等因素进行归类和划分,并对即将设计的服装产品内容进行详细的规划。

没有规矩不成方圆,要对服装进行详细而全面的分类,就必须弄清楚分类的前提条件。服装的常见分类方法是从人们熟悉的、约定俗成的、在服装的一般流通领域容易被接受的角度对服装进行分类,这些名称广为传用,容易被认知和理解。

一、按照性别分类

(一)男装

从性别上说,男装指的是所有男子使用的服装。从审美的角度来说,一般意义上的男装以塑造出男人的阳刚美为出发点,但是,社会的变迁、思想意识形态的改变也会影响到人们对男装的审美态度。

(二)女装

顾名思义,女装是指所有女人使用的服装。女性服装一般以塑造女人的阴柔美为出发点,着重体现女性柔美的一面。

(三)中性服装

男女可以共用的服装,例如,普通的T恤、牛仔装等。一些学校的男装和女装校服在款式、色彩、面料上基本一致,没有什么区分,男女都可以穿着。

二、按照年龄分类

(一)婴儿装

0~1岁的儿童使用的服装。婴儿是指从出生到周岁之内的小孩,头大身体小,身高大致为4个头长,皮肤较嫩,不会行走,需要大人精心地呵护。婴儿在出生3个月内身高可以增加近10cm,到1岁时身高可以增加1.5倍,体重增加3倍,同时可以翻身、爬坐、站立并学会独立行走。

婴儿服装一般没有性别区分,有罩衫、连衣裤、睡袍、睡袋、斗篷等。在设计时应当选用柔软透气的面料,一般以平面造型为主,减少一些不必要的结构线和分割,款式尽量简单,以易于穿脱和控制松量。婴儿的脖子很短,所以也不需要设计领子,在设计时要考虑到婴儿以卧睡为主的习惯,不要选用一些诸如金属纽扣之类粗糙的材料,否则会磨损皮肤,也不要使用松紧之类不利于呼吸的材料。色彩上使用一些浅淡的颜色,避免因掉色而导致皮肤过敏。

(二)幼儿装

2~5岁的儿童使用的服装。这个时期的孩子体重和身高都在迅速增长,学说话,学走路,有很强的模仿能力,对一些简单醒目的色彩和事物尤为注意。幼儿装可以在性别上进行区分,其款式包括连衣裙、连衣裤、背带裤、背带裙、罩衫、背心、夹克、大衣、斗篷等。由于幼儿十分活跃,服装的款式和造型都要宽松,方便活动。孩子活动量大,容易出汗,所以一般要选择柔软、透气、舒适、有弹性、耐磨的纯棉平布、线布、灯芯绒、卡其以及针织类的棉布等。色彩既可以选择活泼、亮丽、鲜艳的色彩,也可以选用柔和、浅嫩、素雅、洁净的中性色。

(三)学童装

6~12岁儿童使用的服装。学童阶段已经基本上步入了小学阶段,随着生长速度的减慢,体形逐渐匀称起来,凸肚消失,腰身显露,腿也变得细长,孩子的运动技能和智力发展最为显著,孩子的性格变得十分活泼。这个时期的儿童多穿着学校的制服,强调团结的集体主义精神,制服的设计不需要太过于花哨,而要充分体现出孩子积极向上的精神面貌,对孩子起到约束和礼仪的作用,服装的款式一般以运动装为主,四季的服装可以灵活搭配。

(四)少年装

13~17岁的少年使用的服装。这个时期的孩子已经有了独立的意识和要求,有强烈的表现欲望,他们的着装方式受到校园群体的影响,对很多事物都怀有强烈的好奇心,所以受潮流的影响是巨大的。在设计中要充分考虑到性别的因素,在女装中加入一些活泼和青春的气息,男装则主要以塑造阳刚、硬朗的感觉为主。

(五)青年装

18~30岁的青年使用的服装。在这个年龄体形已经发育成熟,女性身体凹凸有致,男性身体魁梧粗壮,身高达到了最高峰,对流行十分敏感,同时有了一定的消费能力,往往通过服装来吸引异性的目光。他们希望展示个性,喜欢变化,所以这个时期服装的性别特征也十分明显,服装的款式变化极为丰富,色彩多种多样,面料新颖流行,对名牌有追逐的倾向。

(六)成年装

31~50岁的成年人使用的服装。由于婚姻和家庭的关系,这部分人在生理和心理上都有了很大的区别。同时,由于工作环境和身份地位的要求,成年装的一般要求是造型合体,稳重大方,色彩沉稳优雅,追求较高的品质。面料选择的范围比较广泛,质地优良。套装等是比较好的选择。

(七)中老年装

51岁以上的中老年人使用的服装。由于这个年龄段是肥胖的高峰期,很多中老年人的体形在一定程度上有所变形,所以希望服装的款式能够更好地修饰体形。中老年女装色彩平稳和谐,干净明快,格调高雅,装饰简洁实用,面料柔软、舒适、透气。

三、按照穿戴方式分类

1.佩戴式。把片状材料固定于身体的某个部位,并起到装饰、保护、遮蔽等目的。这种类型起源于原始时期,在现代民族的服装中仍有体现。

2.系扎式。把绳、带等线状材料系扎于人体的部分,用来固定或装饰人体。多见于热带土著居民中。

3.挂覆式。以上身某部分为支撑,用布类披挂于身上的穿着方式。例如,披肩、斗篷。

4.缠绕式。用布将身体部位裹缠起来的样式。例如,现代印度妇女用的沙丽、男子用的多蒂等。

5.垂地式。衣服的全身连在一起,长长地垂下的形式。例如,古代埃及的罗布,中世纪以后一直到现在的哥翁以及我国汉代的深衣等。

6.套头式。也叫贯头式。在布料中间挖洞并套在肩部的穿着方式。从形式上来说,在长方形或椭圆形的布中央挖个洞或用两块布料缝合起来,固定肩部的两点,头从中间穿过去。也有让头从筒状的衣物中间穿过去的贯头衣。

7.包裹式。包裹型的服装是指前开式的有袖子的全身衣,左右襟相压,把身躯及下肢同时包裹起来。如中国、日本、中亚等东方国家的服饰大多属于此类服装。

8.体形式。按照体形分别包装的着装方式,原则上是上下分开的两部式,近代、现代人都采用这样的穿着方式。

四、按照产品分类

1.外衣。一般是指穿着在最外层的服装,例如,大衣、风衣、外套等。

2.内衣。一般是指穿在外衣和贴体衣之间的服装,例如,羊毛衫、毛衣、背心等。

3.贴体衣。一般是指穿着在最里层、紧贴人体的服装,例如,胸衣、内裤、内衣等。

五、按照国际标准分类

1.高级时装。也称高级女装,是法语 haute couture 的意译。couture 是裁缝的意思,高级时装代表了高档品位、高级的材料、高级的设计、高昂的价格、高级的服务和高级的使用场所。高级时装一般是指经过量体裁衣的工艺精湛、面料考究、设计独特、价格昂贵的单件制作服装。高级时装的对象是皇室贵族、社会名流等。但是成衣业的不断发展导致了高级时装的衰落。

2.时装。时装界于高级时装和成衣之间,不像高级时装那样高不可攀,却比普通常规的成衣丰富时尚,其数量比高级女装多,又比成衣少。但是要将成衣和时装严格地加以区分也是很困难的事情,因为很多成衣也具备时装的特点,而很多时装也渐渐成衣化。

3.成衣。成衣是20世纪初出现的服装形式,工业大生产改善了服装生产的条件,提高了服装生产的速度,使得服装得以批量化地生产。由于市场竞争的激烈,成衣的设计也呈现出多样化、时尚化、正规划、批量化、高级化的发展趋势。服装公司在细分顾客和深入细致地了解目标客户群的基础上,依据市场和自身的特点制定产品计划,同时,由于盈利是公司的根本目的,所以在设计时,服装的结构、工艺、装饰、面料等都要充分考虑到成本的因素,其与高级时装无论是设计语言还是工艺制作都有着明显的区别。

六、按照气候季节分类

1.春秋装。春天和秋天是一年中比较凉爽的季节。炎热的夏天,人们穿得很少,感觉上比较随意;冬天太寒冷,穿得太多,显得很臃肿。而春秋时节,人们选择的款式比较多,穿着搭配的余地很大。春秋装可以分为两类:一类是初春或暮秋的服装,这个时期天气稍微有点凉,衣料不能太薄,要注意保暖;另一类是在暮春和初秋时节穿着的服装,此时未脱离夏天的感觉,因此服装仍然保持了夏装的痕迹。

2.夏装。夏季是一个十分炎热的季节,对服装有很大的限制,是服装业的淡季。由于夏季的服装一般都比较薄,款式简单,用料少,所以夏季的服装一般价格没有冬季那么高。夏装总的要求就是清爽凉快、吸湿透气。在款式设计方面要简洁,不要太烦琐。面料上有很多选择,例如,高支棉布、麻料、真丝织物等,目前很多化纤面料性能也十分优越。色彩上一般以清新淡雅为主,一些条纹、格子之类也很受欢迎。

3.冬装。冬装是季节性服装的旺季,由于其用料多、款式多、制作难,所以价格高,同时单件的利润也很高,而且冬季服装市场是服装行业竞争的焦点。冬装首先要以保暖为第一目的,所以冬装的面料选择十分重要。一般来说,呢绒、羽绒、驼绒、毛皮、中空纤维、涂层织物等面料可以保证服装的保暖性。冬装由于面料厚重,不宜洗涤,因此服装的颜色基本以深色为主,棕色系、灰色系等都是常见的色彩系列。有时冬季也使用一些靓丽的色彩,如纯白色、淡鹅黄、大红色等。

七、按照服装风格分类

风格是指艺术作品的创作者对艺术的独特见解和与之相适应的独特手法所表现出来的作品的面貌特征,风格必须借助于某种形式的载体才能体现出来,是创作者个人设计理念在长期的实践中逐渐形成的,设计的理念改变了,创作的风格也跟着改变了。服装设计风格不仅表现出服装本身的造型、色彩和面料结构上的不同视觉效果,还体现了不同风格的着装方式,反映出不同人群的生活方式、思想意识形态等特征。

1.经典风格。经典风格是经过长期的使用穿着,比较端庄得体的传统服装。经典风格比较成熟,广为接受。经典服装比较保守,不太受流行的影响,造型没有太大的变化,整体和谐统一,例如,正统的西式套装等。

2.乡村风格。乡村风格主要以表现安宁纯朴的气息为主,多使用小格子、小碎花等面料营造乡村风格的氛围,色彩也是以自然的色彩为主。

3.运动风格。运动风格的服装是指带有运动元素的服装,和传统的运动装有很大的区别。运动的元素可以用于休闲装上,形成运动休闲的风格类服装,甚至可以用到西装或衬衫上。运动风格的服装自然宽松,便于活动,充满了活力,具有强烈的时尚气息。色彩或鲜明靓丽,或深沉稳重;款式比较简洁大方;造型多以直身型为主;面料多用棉料、混纺等,配合罗纹使用;罗纹多用于领口、袖口或多袋口。

4.休闲风格。休闲风格让穿着者本身有种随意和轻松的感觉,由于休闲的范围很大,所以又分为不同年龄和阶层的休闲装。休闲是一个概念,也是一种心态,很多时候我们很难区分什么是真正意义上的休闲。休闲不只是针对服装本身来说的,还包括人们着装的方式和状态。同样一件衬衫,将其穿在正规的西装里面,系上领带,就显得很正式;但是把它系在腰上,或者搭配牛仔裤和球鞋就会呈现出休闲和随意的感觉。

5.前卫风格。前卫风格是相对于经典风格来说的。前卫风格意识超前,是对传统和常规的反叛和创新。造型怪异夸张,个性张扬,视觉效果强烈,色彩、面料、造型搭配大胆,结构不对称,分割线随意,设计的理念完全不遵循常规,多使用奇特新颖、时髦的面料,装饰手法多种多样。

八、按照制作材料分类

1.天然纤维服装,是指用天然纤维面料加工成的服装。天然纤维是以动植物纤维和矿物纤维作为原材料加工成的服用面料。天然纤维制成的服装一般吸湿透气性好、服用舒适。纯天然的面料对人体十分有益,由于都是来之于自然,毕竟数量有限,不能像化学纤维那样可以机械化大生产,所以纯天然的面料比化学纤维面料价格高,尤其是动物裘皮十分昂贵。

2.化学纤维服装,是指用化学纤维面料作为原材料加工成的服装。化学纤维面料是指用再生纤维、半合成纤维、合成纤维或无机纤维制成的面料,例如,氨纶、腈纶等。化学纤维不易起褶,耐磨、拉伸性好、成本低,具有天然纤维所没有的优点,在服装面料中有很大范围的运用,同时天然纤维和化学纤维的混纺面料,结合了双方的优点,取长补短,使面料具备更好的服用性能。例如,以往的纯棉料十分容易起皱,布面不平整,棉涤混纺面料结合了涤纶和棉纤维的优点,既舒适透气,又可以防止起皱,深受人们的欢迎。

九、按照衣服形态分类

1.非成型类。非成型类是指把天然的材料作为衣物放在人体上,是最原始的着装方式,这些衣物是没有经过缝制加工的,在绝对意义上来说,其材料本身也具有一定的形状。任何材料本身并不具备服装的意义,只有经过人为地着装即二次成型,才能与人体一起形成一种新的形态。

2.半成型类。半成型是指多少经过一些加工的衣物,例如贯头衣类。有的直接在面料上挖个洞,这类衣物也是通过二次成型来完成的。

3.成型类。现在人们穿着的服装都是属于这类,即通过一定的剪裁和缝制方法,制作出适合人体的服装。这类服装相对来说结构更合理,手工更精湛,同时,设计元素的注入更使得服装表现出一种精神的高度,能够充分体现人的外在形体美和内在思想美。

十、按照款式分类

服装按款式可分为:①西服;②衬衫;③裙;④裤;⑤大衣。

十一、按照用途分类

(一)演出服装

主要用于舞台表演的服装。例如服装设计大赛的服装、戏剧表演服装、道具、假面等都属于表演性质的服装。用于舞台表演的服装与平时穿着的服装有着很明显的区别。考虑到场景、灯光等因素,舞台服装一般造型比较夸张,视觉效果强烈。

服装设计大赛从根本上来说也是一种表演性质的比赛,所以可以归入演出服装一类。服装设计大赛在近年来比较热门,国内外纷纷举办各式各样的设计大赛,参赛选手通过服装展示个人的设计创作理念,表达对流行和时尚的见解,这些服装不仅要有良好的设计语言,还要有很好的舞台表现才能赢得评委的好评。参加比赛的服装要求主体明确,构思新颖,不拘泥于规则型的思维,力求打破传统,让人耳目一新。比赛的服装没有场景和剧情的限制,主要是通过模特的肢体语言来诠释,不需要表演者刻意和夸张地表演,它表演的目的不是突出人,而是以人为媒介来展示服装,换言之,表演是为服装服务的。

在戏剧或其他舞台表演中,服装只是一个道具,是用来烘托气氛、表现主题和塑造人物性格的工具,这种服装要求和剧情、环境、人物性格相融合,其可以被称为舞台服装。舞台服装一般是定制的,在市场上很难买到合适的。剧情和环境的变化也会影响舞台服装的造型。

专门以服装为主要对象进行的表演又与服装设计大赛和纯粹的舞台表演有一定的区别,这种表演多见于服装公司或企业的新产品展示和宣传广告活动中,通过表演加深人们对其产品的印象,提高知名度,同时传递出公司或企业的设计理念和产品风格等信息。所以其更具商业宣传和市场竞争性,表演的直接目的就是为了取得更好的销售业绩。

(二)日常服装

用于日常穿着的服装。相对演出服装来说,日常服饰款式更加简洁。用于日常穿着的服装一般也可以称为成衣,是市场上款式最丰富、数量最多的服装。日常服装可以满足人们日常生活中方方面面的需求,例如,职业装、工作装能满足工作的需要;睡衣、睡袍等宽松的家居服装能满足闲暇和居家的需求;休闲西装、休闲套装等既舒适又随意,能满足人们外出的休闲需要;一些活泼随意的款式是娱乐玩耍的首选;运动装能够满足人们运动、锻炼的需要。

(三)特殊服装

用于特殊环境中的服装,例如消防人员、武警、电工等的作业服装。由于环境因素,很多职业对服装的要求不同于一般性的工作,有的职业作业条件恶劣,工作环境艰苦,生命和身体都没有安全保障,所以,针对这些具有一定危害性的工作,服装设计不仅要解决基本的防风保暖问题,还要在面料、结构上下工夫,让穿着者更好地适应工作环境。例如,消防作业的高温环境要求消防人员的工作服要比普通的服装更耐热、耐磨,对服装的整体性防护也有很高的要求,如消防人员在救火时要全副武装,佩戴头盔、手套、筒靴等。

(四)社交服装

用于礼仪社交场合穿着的服装,例如礼服等。这类服装主要针对的是比较正式的场合,表现的是穿着者的礼仪修养和对别人的尊重,比较正式和庄重。根据场合的不同,礼仪服装也可以分为晚礼服、婚礼服、晨礼服、午后礼服、仪仗礼服、葬礼服、祭祀礼服等。礼服也是因人而异,和个人性格也有很大的关系。例如,有的明星不喜欢西装革履式的打扮,选择穿T恤、牛仔出席一些正式场合,这也是个性的体现。但是传统的礼服已经基本定型,男士晚礼服由领结、衬衫、燕尾服和长裤组成,除了局部的造型有些区别外,基本没有什么大的变动。这种礼服在一些颁奖礼、文艺晚会中常见到,但是这种礼服正趋于减少,现在常见的样式是西服套装,款式较多,这类礼服整体造型挺拔、合体、肩宽、腰部收紧,面料多为精纺呢绒,局部可以镶拼缎面织物,讲究品质,显得庄重华贵。

女士晚礼服多姿多彩,款式繁多,风格各异。不同款式的女士晚礼服给人的心理感觉各不一样,有的性感,有的清纯,有的高贵,有的端庄典雅,面料色彩的选择都尽量吸引别人的注目。在设计晚礼服时,要充分考虑到穿着者的肤色、气质、身材等因素。

女士婚礼服是女人一生中十分重要的礼服样式,西式婚礼服也叫婚纱。通体洁白,不同的白色材质搭配使用展现出一种朦胧、纯洁的感觉。蓬松的头纱主要由透明的纱织物制成,从头顶一直垂到腰部或地面,薄薄的纱遮住新娘的面部,给人一种朦胧的感觉。礼服多为连衣样式,上身合体,袒胸露肩,摆长拖地,也有及膝或超短样式,时尚个性。新娘礼服一般都有捧花,百合、玫瑰等都可以。

十二、按照加工方式分类

1.手工服装。以手工缝制为主要制作方式的服装。少数民族的蜡染服装,从织布到染色再到制作都是纯手工制作。纯手工制作的服装大多工艺精湛。

2.机器加工服装。以机器加工为主要制作方式的服装。机器大生产推动服装大批量地生产。一般市场上卖的服装大多数都是机器加工的。

十三、按照档次分类

很多公司或企业在定位自己的产品时,通常使用诸如"高档"或"中档"来描述自己产品的档次,而消费者在购买服装的时候,也基本上是根据价位来区分高档产品与中档或低档产品。产品的价位并不能真实地反映产品的全貌,诸如面料质地、加工工艺、品牌价值、商场折扣率等都会影响价格。除了有统一销售价格的品牌服装外,其他零售或批发的服装,即使款式一样,但是放在不同的地方销售,价格也是不一样的。服装的档次应该是指服装外在品质与内在品质的总和。服装的外在品质包括服装的面辅料、做工、色彩、款式、细节等,服装的面料越好,做工越讲究,那么外在的品质就越好;服装的内在品质包括服装的品牌价值、售后服务等。服装的品牌附加值越高,服务越完善,内在的品质自然越好。

1.高档服装。高档服装是对服装外在和内在品质要求都很高的服装,它的材料、做工、款式都是一流的。高档服装要具备很高的品质就肯定要花费更多的人力、物力和财力,生产时间也比较长,所以批量小、数量少、成本高,价格不菲。

2.中档服装。中档服装达不到高档服装那么高的品质标准，设计、材料、做工都略逊一筹，因此销售价格会降低。较低的价格可以带动消费，促进流行的推广。中档服装的造型、色彩和面料均以流行信息为目标，每年的变化幅度都较大，中档服装是最强调流行感的服装。

3.低档服装。低档服装是指设计、材料、制作都维系在较低的水平上，其特点是成本低、批量大、价格低，主要是满足消费能力比较低的消费者需求，以量取胜。所以低档服装的通病就是面料粗糙、制作简陋、偷工减料、品质一般。在造型上和结构上以节省用料为主，面料品质低下，辅料也是能省就省，做工粗糙等。由于经济的原因，低档服装市场仍然占据一席之地，通常在批发市场、简易商场或地摊上出售。

十四、按照着装状态分类

1.轻便型、笨重型。从着装的重量感和是否方便行动的角度来划分，西方文艺复兴后期的女装、18世纪的洛可可时期的女装以及19世纪第二帝政时期的女装都是妨碍行动的笨重型服装，而18世纪末19世纪初的帝政样式却是薄得透明的轻装。进入20世纪后，无论东方还是西方，人类的服装都大大地减轻了重量，以便于行动。

2.柔美型、阳刚型。柔与刚是从服装的面料软硬和给人的视觉感受的角度来划分的。柔美型服装给人纤柔的感觉，一般轻薄的面料如雪纺、真丝等能达到这样的效果；而阳刚型的服装给人硬挺的感觉，一般厚重的面料如工装布、呢绒、牛仔布等能达到硬挺的效果。在现代服装设计中，通常"刚柔相济"，运用不同材质的对比达到层次丰富的视觉效果。

3.多层型、单层型。从对服装的搭配方式上来对比和划分。服装的款式一旦确定，人们就很难也很少去改动它。人们的思想意识不同,穿着的方式也不一样。有的人喜欢按照常规来穿着,服装搭配的方式比较单一,属于单层型的搭配方式;有的人喜欢利用不同服装的长短、大小、材质硬软的对比营造出丰富的层次,相对来说搭配的方式比较多,而且随意。不同的搭配方式给人的视觉效果和心理感受也不一样,而且多层次的搭配方式深受年轻人的喜爱,也是流行的趋势。

4.夸张型、正常型。从服装形状的变化与体积的角度来划分,夸张是相对于正常来说的,夸张型的服装造型特别,不循常规,通常出乎意料。夸张型的服装从根本上来说是为了加大服装与人体之间的空间,扩张本来的体形,在人体的基础上塑造出新的外形,使服装离开人体。而正常型的服装比较合体,能够显露体形,突出人体曲线,缩小衣服与人体之间的空间。

5.协调型、对比型。从服装整体的效果来划分。协调型的服装一般在重量、比例、造型、色彩上都十分和谐,注重整体的着装效果。对比型的服装通常会就某个或某几个部位进行强调或夸张,以吸引人们的注意,或上重下轻,或上轻下重,或强调臀部,或强调肩部,或强调腰部等,比例夸张。这种刻意的强调给人们留下深刻的印象。例如,后出型的服装就是这种对臀部进行夸张的样式。16世纪文艺复兴时期,男装强调上体部的宽大和雄伟,下肢却穿着类似今天女性穿的健美裤,形成典型的上重下轻型着装样态。与之相对,女装则重点突出下体部的丰满和硕大,用紧身胸衣把腰身勒细的同时还用巨大的裙撑使臀部膨大,形成上轻下重的三角造型。

第二章 服装设计创意思维

第一节 仿生设计

学习服装设计的方法是非常重要的,它可以帮助设计师在某些时候按一定的设计规律完成设计方案。设计方法是指结合设计要求运用设计语言及设计规律完成的设计手段。服装设计既可以将这些方法进行单项的理解和练习实践,又可以将这些方法综合起来,灵活运用。设计方法不是简单的技术手段,它需要极强的创新意识和独特的思维角度。设计方法是一种创造方法,它通过对构成服装的各种要素进行变化重组,使其具有崭新的、符合审美要求的面貌,从而完成服装新款的创造。服装设计是一个复杂的系统工作,不仅需要有深厚的文化底蕴,还需要恰如其分地运用好服装材料、色彩,准确把握服装造型、流行趋势等,同时也要掌握一定的设计方法来取得较好的效果。服装设计方法可归纳为以下两点。

一、仿生设计的概念及特点

仿生设计法是设计师通过自然界中的动物、植物的优美形态的启发,通过研究自然界生物系统的优异功能、形态、结构、色彩等特征,运用概括和典型化的手法,对这些形态进行升华和艺术性加工,并有选择性地在设计过程中应用这些原理和特征进行设计。结合服装结构特点与模仿手法在服装上表现出来,有的在服装整体上运用,有的在服装局部上运用。服装款式上有许多成功的仿生设计实例,如蝙蝠袖、鱼尾裙、喇叭裙、钟型裙等。

仿生设计学,亦可称之为设计仿生学(design bionics),它是在仿生学和设计学的基础上发展起来的一门新兴边缘学科。自古以来,自然界就是人类各种科学技术原理及重大发明的源泉。德国著名设计大师路易吉·科拉尼曾说:"设计的基础应来自诞生于大自然的生命所呈现的真理之中。"这话道出了自然界蕴含着无尽设计宝藏的天机。归纳现代服装设计中的仿生设计,其主要特点表现在以下几个方面。

(一)具象形态的仿生

具象形态是透过眼睛感觉到事物存在的形态,它比较逼真地再现事物的形态。由于具象形态具有很好的情趣性、可爱性、自然性,舞台服装中经常可见。在生活装中并不多见。

(二)抽象形态的仿生

抽象形态是用简单的形体反映事物独特的本质特征。归纳起来抽象形态的仿生具有以下特征。

1.形态高度的简化性和概括性。形态高度的简化性和概括性,指的是形态本质的抽象。

2.形态丰富的联想性和想象性。抽象仿生形态的"心理"形态必须有生活经验的积累,经过联想和想象才浮现在脑海中。因此,它充分地释放了人类的无限想象力。同时,因人们的生活经验不同,因此经过个人情感联想产生的"心形"也不尽相同,产生形态生命活力的感受自然就丰富多彩。

3.同一具象形态的抽象形态的多样性。设计者在对同一具象形态进行抽象化的过程中,由于生活经验、抽象方式方法以及表现手法不同,因此抽象化所得形态多种多样。

总之,具象仿生停留在模仿生物表层,思想性和艺术性的含量相对低一些;抽象仿生集中于提炼物体的内在本质属性,是一种特殊的心理加工活动,属于高层次思维创造活动,它侧重揭示物体的理念、内涵。

(三)结构和材料的仿生

随着仿生学的深入开展,人们不但从外形去模仿生物,而且从生物奇特的结构和肌理中也得到不少启发。人们在"仿生制造"中不仅师法大自然,而且学习与借鉴他们自身的组织方式与运行模式。

二、服装造型仿生设计方法

仿生服装造型的设计思维是一种创造性思维,是对自然物种的认识和再创造,这不是单一的思维模式,而是以各种智力和非智力因素为基础的高级的、复杂的思维活动。分析仿生服装造型的种种表现,可以把仿生设计方法分为两种。

(一)生物造型仿生

服装作为造型艺术的一种,是功能与形式的统一体,并以其极具内涵的情感语言来丰富人类的精神生活。服装形体块面的空间造型设计,是最具张力的设计元素和视觉语言,自然万物千姿百态的形态给服装造型增添了生命力。

(二)写实性模仿

原始的模仿始于人类最初所看到的事物,但它不是普通意义上的复制与仿制,它模拟的东西仅仅是创造者觉得有意味的东西,也就是指模仿物体本身以及物体与物体之间的关系。早期人类对于自然界的认识是直观的,并且由这种直观写生成为具体的形象,而后随着人类思维的进步逐渐演化。这种简化的或逼真的描绘,与其他的一些更为复杂的造型结构相比,更具表现性,其风格也更加单纯。洛可可时期的服装具有极强的装饰性,其灵感主要来源于岩洞、贝壳以及钟乳石等自然环境和生物。仔细观察岩洞和贝壳,就能发现其共性和内在联系,如规则与不规则的旋涡形分割,内部结构错综复杂的空间感以及岩层与贝壳表层的粗糙感和层次感等,将这些共有形的美感特征进行模仿、夸张,以曲线为主要元素,运用汇集、疏散、旋转和均衡等造型手法,形成极具动感和体积感的漩涡造型。

第二节 移植借鉴设计

运用仿生设计出的服装,不仅造型有其取之不尽的外部形态和色彩,而且使服装设计更具有创造性及挑战性,满足了人类情感表达的需求,赋予了服装生命和文化内涵,增进了我们人类与自然界的和谐统一。设计回归自然,以大自然中万物的形态为服装设计造型分析的平台,拓展了服装设计师们的创造性思维模式。

一、移植借鉴设计的概念及特点

移植借鉴设计是从其他姐妹艺术中汲取灵感,并运用在服装上的一种形式。运用已有的知识和经验,把甲事物中的优势移植到乙事物中去,同时进行对比、借鉴、取长补短或吸取教训,加以改进,形成新的优势,这称为移植借鉴法。科学研究中,经常会运用其他学科的概念、理论和方法来研究本学科存在的问题。移植借鉴法就其应用特点方式来划分,可分为两种,即抽象事物的间接移植借鉴法和具体事物的直接移植借鉴法。

借鉴思想、转变思想是一个复杂的过程,那么如何才能实现其转变呢?首先必须要有敢于变革的精神,只有这样才能吸取到精华。不敢打破常规、创新思想,是永远无法取得变革的,思想的借鉴和发展是艰苦的过程,但是人们必须要有迈出第一步的勇气。就像鲁迅先生所说的那样,世上本没有路,走的人多了便成了路。其次,借鉴他人思想要有选择性,不能全盘通吃。取其精华,去其糟粕,这是借鉴的根本宗旨。

二、移植借鉴设计的方法

(一)借鉴民族文化设计

各民族都有其自身的民族性,不论是生活习俗、宗教信仰、审美意识、文化艺术等均有本民族极强的个性。这些具有代表性的民族特征,也为服装设计师带来了设计灵感,民族化设计理念在服装设计师中备受重视。

借鉴和吸收民族文化特性的方法是择其精华,用其精神。学习民族文化不是模仿某一个民族服饰、照搬图案或修改款式等,这样最终只能使设计陷入困惑。设计师完全可以通过一个民族的绘画、音乐、用具、面料甚至宗教的特征等诸多具有民族特色的素材,进行独到的创意设计。

借鉴某时代的服装设计,就是将本国或外国的某一历史时期的风格、形态特征、色彩运用、装饰特色、穿着方式等,应用到当代服装设计上来。不同于历史剧作的古装,必须按照当时历史事实进行设计,而只是在总体上或是某些方面表现了当时的风格。具体来讲,往往是某些方面强调得多一些,某些方面采用得少一些,某些方面按现代潮流加以改良,其时代的成分或多或少都可以,可以让人一看就知这是18世纪法国宫廷风格,或者是模仿我国唐代服装。只要采用得当、美观,就是一个成功的设计。原封不动的仿古,是不成功的。

运用民间土棉布或现代棉布展示古典朴素美的设计,以朴素的棉、麻面料为主要设计材料,加入细节创新设计,如广州的"播"、杭州的"江南布衣"等品牌。运用民俗装饰工艺展示深厚的民族文化底蕴的设计,再如以现代刺绣和具有浓郁民俗特点的色彩为主要装饰的"七色麻""玫瑰坊""五色土"等品牌。将传统中式服装样式如小立领、盘扣、大襟、对襟、斜襟、连袖、灯笼裤或肚兜等作为当今着装中时髦的点缀。运用特殊的刺绣针法,如铺绒绣、打籽绣、包梗绣、浮绣类、凸绣类、拖丝类等,将中式纹样巧妙地绣于现代时装的特定位置,如裙子的下摆或上衣的肩、胸口、领子、袖口等部位,烘托浓郁的中国风情。

(二)借鉴风格转换设计

在服装设计中根据穿着对象、穿着场合以及所要表现的风格,分别考虑款式、色彩、材质方面的选择,以完成要表现的风格。先拟订出每一项的初步选择,然后再整理归纳,制定出设计方案,要注意形、色、质三者之间的协调。

(三)借鉴地域题材设计

服装设计中以地域特征作为借鉴主题的例子也是很多的。有的用地名,有的用特定场合,有的用景象,有的用当地少数民族风情,如东方女性、热带情调、江南水乡等,都是以某一特定地域的情或景来启发构思的。由于每一地区的风土人情、民族服饰、自然景色都会有一种特有的感觉,所以可以扩大设计人员的思路,以此为灵感进行设计可以给人以新鲜的、奇妙的美感。

另外,人们还有一种向往异域文化的心理,甚至原始的风格,这就需要亲身感受、体会。就捷克共和国波西米亚地区的服装来举例,波西米亚地区的服装是融合了多民族风格的现代多元文化的产物。波西米亚地区的服装在总体上注重局部细节的装饰,单纯而细腻;其主要的面料是以棉、麻、毛、翻毛皮革、牛仔布等天然面料为主。有些还采用了化纤以及含莱卡的面料,甚至金属质感的面料也曾出现过,色彩相对单纯、明度高、含灰性较高。代表色为白色、红色、卡其色、驼色、咖啡色、金色、偏灰的粉绿色,暗草绿也是其常用色彩。图案上,以民族图案为主,强调局部图案的色彩与装饰;无规则的花纹图案,多彩的宽条纹多为水平方向。色彩搭配上,强调多种浓烈色彩的组合,色彩饱和度高,但浓而不艳;常用对比色搭配,以黑色、红色、白色作为调和色。以局部装饰为主,多用刺绣、彩珠、亮片、流苏、蕾丝或毛边(抽去纬纱或经纱)进行装饰;装饰的部位上装主要集中在领口,其次在袖口和腰线或在前衣片的局部,下装主要集中在臀围线以上或裙底摆。

(四)借鉴热门题材设计

所谓热门题材的范围极广,这里指政治、经济、文化、艺术、体育等领域内,轰动一时,或在人们心中引起普遍关注,并喜闻乐见的事和物,将事和物作为服装设计的主题或作为局部来装饰。如第二次世界大战后普遍用 V 字作为线条,新中国成立初期的五角星装饰,我国乒乓球运动员在国际上屡屡获胜,出现了乒乓运动装及以乒乓球、球拍进行的装饰,宇宙飞船上天时出现了以太空为主题的太空服、宇航服,运动会的会标及吉祥物以及热门动画片中的铁臂阿童木、变形金刚等都被较多地用作主题或装饰。群众关注的并喜闻乐见的题材,有一定的群众基础,容易被接受,特别是对儿童更有吸引力。

新科技的发展推动了社会观念和经济的进步,改变了人们的生活方式,它直接影响到人们的衣食住行,拓宽了人们的视野,也为新一代设计师带来了全新的设计理念。社会动向是一种涉及面广泛的现象,早期的妇女解放运动从西方到东方此起彼伏,轰轰烈烈。进入新时代,有更多的妇女走出家庭之门,参与政治、文化教育、生产劳动等社会活动,进而成为一种持久的社会时尚。设计师们敏捷地抓住这一社会动向,在女性服饰设计上进行大胆创新,一改长裙的装束,推出了裤装、短裙、短裤等适合新女性需求的服饰。

由于男女的社会地位趋向平等,男女之间的服饰也有更多相似之处。在这种社会大潮流的驱使下,设计师们又一次把握时机,推出了自然亲切的"中性"服饰,以休闲服装为代表的"中性"装束,备受众多男女的青睐,中性的服饰香水、发型、箱包等已渐渐流行。

高新技术、电脑自动化、信息网络化、航天探索等是21世纪的新景象。这一切都需要设计师具备敏锐的洞察力和超前的意识,设计师是时尚的前锋,他的职业是给公众传递最新潮的社会信息。日本设计师三宅一生运用金属亮槽面料进行服装设计,以此来表现当今高科技的发展,在世界时装界被推崇为典范。

社会热门的焦点问题,也为设计师带来了设计灵感。生态环保已成为全人类共同关注的问题,在各领域引起强烈的反响。这些年以生态环保为素材进行创作的服装在T台上熠熠生辉,表达了设计师对自然生态环境问题的关注和社会的责任感。以生态环保为主题设计的创意服装和用环保新型材料制作的实用装都将是被关注的热点。

第三节 逆向思维设计

一、逆向思维设计的概念及特点

(一)逆向思维设计的概念

所谓逆向思维也叫求异思维,就是指人们为达到一定目标,从相反的角度来思考问题,从中引导启发思维的方法。面临新事物、新问题的时候,我们应该学会从事物的不同方面、不同角度来分析研究新事物、解决新问题。它是对司空见惯的似乎已成定论的事物或观点反过来思考的一种思维方式。敢于"反其道而思之",让思维向对立面的方向发展,从问题的相反面深入地进行探索,树立新思想,创立新形象。当大家都朝着一个固定的思维方向思考问题时,而你却独自朝相反的方向思索,这样的思维方式就叫逆向思维。

与常规思维不同,逆向思维是反过来思考问题,是用绝大多数人没有想到的思维方式去思考问题。运用逆向思维去思考和处理问题,实际上就是以"出奇"从而达到"制胜"。因此,逆向思维的结果常常令人大吃一惊,喜出望外,别有所得。人们习惯于沿着事物发展的方向去思考问题并寻求解决办法。其实,对于某些问题,尤其是一些特殊问题,从结论往回推,倒过来思考,从求解回到已知条件,反过去想或许会使问题简单化,使解决它变得轻而易举,甚至因此而有所发现,创造出惊天动地的奇迹来,这就是逆向思维和它的魅力。

某时装店的经理不小心将一条高档呢裙烧了一个洞,其身价一落千丈。如果用织补法补救,也只是蒙混过关,欺骗顾客。这位经理突发奇想,干脆在小洞的周围又挖了许多小洞,并精于修饰,将其命名为"凤尾裙"。一下子,"凤尾裙"销路顿开,该时装店也出了名。逆向思维带来了可观的经济效益。无跟袜的诞生与"凤尾裙"异曲同工,因为袜跟容易破,一破就毁了一双袜子,商家运用逆向思维,试制成功无跟袜,创造了非常良好的商机。

(二)逆向思维的特点

1.普遍性。逆向性思维在各种领域、各种活动中都有适用性,由于对立统一规律是普遍适用的,而对立统一的形式又是多种多样的,有一种对立统一的形式,相应地就有一种逆向思维的角度,所以,逆向思维也有无限多种形式。如性质上对立两极的转换:软与硬、高与低等;结构、位置上的互换、颠倒,上与下、左与右等;过程上的逆转:气态变液态或液态变气态、电转为磁或磁转为电等。不论哪种方式,只要从一个方面想到与之对立的另一个方面,都是逆向思维。

2.批判性。逆向是与正向比较而言的,正向是指常规的、常识的、公认的或习惯的想法与做法。逆向思维则恰恰相反,是对传统、惯例、常识的反叛,是对常规的挑战。它能够克服思维定式,破除由经验和习惯造成的僵化的认识模式。

3.新颖性。循规蹈矩的思维和按传统方式解决问题虽然简单,但容易使思路僵化、刻板,摆脱不掉习惯的束缚,得到的往往是一些司空见惯的答案。其实,任何事物都具有多方面的属性。由于受过去经验的影响,人们容易看到熟悉的一面,而对另一面却视而不见。逆向思维能克服这一障碍,往往是出人意料,给人以耳目一新的感觉。

二、逆向思维设计的方法

(一)反转型逆向思维法

这种方法是指从已知事物的相反方向进行思考,产生构思的途径。"事物的相反方向"指从事物的功能、结构、因果关系等三个方面作反向思维。比如,市场上出售的无烟煎鱼锅就是把原有煎鱼锅的热源由锅的下面安装到锅的上面。这是利用逆向思维,对结构进行反转型思考的产物。服装的逆向设计就是将原来的、常规的服装造型反过来,颠倒过来,就是所谓逆其道而行之或称反其道而往之的意思,如将原来的上下、前后、长短、大小、男性化和女性化等颠倒过来,或是把风格上的粗犷与典雅、华丽与朴实、冷与暖、轻与重等倒过来。

(二)转换型逆向思维法

这是指在研究问题时,由于解决问题的手段受阻,而转换成另一种手段,或转换思考角度,以使问题顺利解决的思维方法。如,领头开门由前身改至后背,腰带由腰位改至前上胸,或下脚领开深由原来的前深后浅改为前浅后深,衬衫由原来前短后长改为前长后短。由V型改为A型,由O型改为X型,由新潮改为复古等实际上也都是一种逆向设计。逆向设计能在较大程度上跳出旧框框,一反往常的逆境反设计能给人一种新鲜感和惊奇感。但

70

是,在逆向设计中必须充分考虑时代潮流、实用性和消费者的接受程度,如果处理得不好,也可能使人感到可笑而不会被接受。

(三)缺点逆向思维法

这是一种利用事物的缺点,将缺点变为可利用的东西,化被动为主动,化不利为有利的思维方法。这种方法并不以克服事物的缺点为目的,相反,它是将缺点化弊为利,找到解决方法。

第四节 搭配组合设计

一、搭配组合设计

服装组合设计指设计的若干件(一组)服装,在穿着时可作不同的组合搭配,如一件上装,一条裙子,可以组成裤装,也可组成裙装,一组服装中可供组合的单元数量越多,其组合变化也越多。如一件短袖衬衫,一件长袖衬衫,一件背心,一条长裤,一条裙子,一件上装,一件外套,共7件服装至少可以有18种组合方法。组合设计如同系列设计一样,可以用相同面料、相同装饰。但不是一定要用相同面料、相同色彩、相同装饰,也可以用不同色彩、不同装饰。但是,作为组合设计服装,必须考虑相互搭配起来并同时穿着,因此,从穿着对象、风格方面应该是统一的,其他款式、色彩等各方面亦考虑到在各种搭配组合情况下的整体协调,组合设计的目的和特点就在于此,如果不注意或未能做到这一点,也就无所谓组合设计了。

二、搭配组合设计方法

(一)分解法

分解的设计方法是把原有的素材进行拆解重新组合,从而改变元素的本来形象,选择其中可取的形态。

(二)追寻法

追寻法是以某原型为基础,追踪寻找所有相关事物进行筛选整理,当一个新的造型设计出来之后,设计思维不该就此停止,而是应该顺着原来的设计思路继续下去,把相关造型尽可能多地开发出来,然后从中选择一个最佳方案。由于设计思维没有停止而使得设计思路顺畅,设计灵感源源不断。这种设计方法适合大量而快速的设计,设计思路一旦打开,人的思维会变得非常活跃、快捷,脑海中会在短时间内闪现出无数种设计方案,快速地捕捉住这些设计方案,从而衍生出一系列的相关设计,设计的熟练程度会迅速提高,应付大量的设计任务时便易如反掌。

(三)限定法

"没有规矩不成方圆",设计师是为人服务的,只有围绕着"人"这个主题,满足人们的需求才可以做出成功的设计。现代服装设计目标性很明确,围绕着这一目标会有很多条件限制,而设计限定法是指在被某些要素限定的情况下进行设计的方法。现代服装设计的限定有价格的限定、用途功能的限定、规格尺寸的限定等。不仅是涉及要素角度,也有造型、色彩、面料、辅料、结构、工艺等的限定。有时指单项限定,有时会由几个方面进行限定。现代成衣设计中,服装设计师的工作往往被限制在一个很小的范围内,如为某一品牌设计的限定条件为中等价位、年轻女性、瘦体、格形面料的时装,限定会影响设计师思维的拓展,但也是检验设计师能力的好途径。限定法常用于成衣、职业装的设计。

(四)夸张法

夸张法是一种常见的设计方法,也是一种化平淡为神奇的设计方法,联想到某一事物还需以夸张来强化设计作品的视觉效果,抢占人的视域。在服装设计中,夸张的手法常被用于服装的整体、局部造型。夸张不仅是把物体的状态和特性放大,也包括缩小,从而造成视觉上的强化与弱化。夸张需要一个尺度,这是根据设计目的决定的,在夸张设计过程中有无数个形态,选择截取最适合的状态应用在设计中,是对设计师设计能力的考验。夸张的形式多样,除了造型以外,还可以对面料、装饰细节进行夸张,采用重叠、组合、变换、移动、分解等手法从位置高低、长短、粗细、轻重、厚薄、软硬等多方面进行极限夸张。夸张法特别适合于创意风格与服装的设计。

(五)加减法

有人说服装设计的方法就是加与减,服装的众多造型要素之间的相互关系都可以在增加或减少上做文章,通过这些要素比例关系的变化来设计服装样式。加法实际也是一种使服装单纯或复杂的设计方法,在追求奢华的年代中,加法运用较多,在追求简洁的时尚中减法运用较多。无论加法还是减法设计,恰当和适度都非常重要。

(六)系列法

服装的系列设计是指设计中由一件以上的若干件服装搭配形成一个系列,服装的系列有许多划分方法,大致上有以下几种系列,可供在设计时参考。

1.不同穿着对象的系列,如母子装、父子装、情侣装等。

2.同一系型的系列,如裙子系列、裤子系列、T恤系列等。

3.不同类型的系列,如内外衣系列、上下装系列、三件套、四件套等。

4.同一季节的系列,如春、夏、秋、冬等系列。

5.同一面料的系列,采用同一种或同类面料,但款式色彩不同的系列。

6.不同面料的系列,采用不同面料设计同一类型的服装形成的系列。

7.同一色彩的系列,采用同一色彩或同一色系面料设计形成的系列。

8.不同色彩的系列,采用不同色彩面料设计形成的系列。

9.同一装饰类型的系列,如绣同一类型的花、镶同一类型边的服装系列。

10.不同装饰类型的系列,如同一类型服装或同一类型的面料,但装饰类型不同的系列。

11.同一风格的系列,不论服装类型、面料类型、色彩是否一致,但风格上保持一致的设计。

12.不同风格的系列,对同一穿着对象或同一类面料,或同一类服装类型,作不同风格设计形成的系列。

13.同一穿着对象的系列,如婴儿系列、少女系列、中老年系列等。

以上各种系列中,有的统一性多一些,有的统一性少一些,但至少应保持某一方面的统一性、统一感,不然也就不成为系列了。

第三章 服装材料设计

　　服装设计是一门融自然科学、心理学、美学和艺术为一体的综合性学科,具有技术与艺术的双重属性。在现实的社会生活中,服装扮演着举足轻重的作用,它不仅要满足人们各种的基本生理需求,在此基础上还必须能给人以美的享受。这就要求服装设计必须达到实用性与审美性的和谐统一。而服装材料就是传递作品的审美信息,沟通作品与审美主体的"桥梁"。构成服装美的各种要素都需要通过服装材料这一载体来表现。俗话说,"好马配好鞍",完美的设计还需要恰当的材料来匹配。可以说,服装材料是服装设计区别于其他艺术形式的、独特的表现语言。不论是从实用还是审美的角度,服装材料的选择与应用在服装设计中都是不可忽视的。

　　在远古时代,人类的祖先用植物的叶子或兽皮充当"服装"材料,以遮盖人体的某些器官,形成了人类最原始的服装形态。在之后漫长的历史进程中,天然纤维、合成纤维、皮草以及金属、橡胶等各种特殊材料的层出不穷,使服装的面貌亦随之发生改变。从这一层面上看,材料作为服装表现的载体,其变化必然引领服装潮流的变化。可以说,人类服装演变的历史,也是服装材料发展的历史,每一次服装材料的新突破,都会给服装的发展带来新的内涵和艺术魅力。

　　现代的服装设计师需要对服装材料有客观而正确的认识,了解服装材料语言的艺术表现特征和表现潜力,认识和探讨材料在服装设计中的艺术表现主题、原则和方法,根据当代的服装审美要求,传递服装材料的审美信息,使服装作品更符合人们对舒适性、时尚性、功能性等多方面、多层次的新需求。

第一节 服装材料的分类及特性

一、材料的分类

根据所用部位的差别,可以简单地将服装材料分为面料和辅料。面料,通常指的是用于服装最外层的材料。面料的光感、毛绒感、可塑性、悬垂性、透气性、保暖性等性能对服装的外观、舒适性以及加工性能有着重要的影响。辅料是指除了面料外的构成服装的材料,包括里料、衬料、絮填材料、扣紧材料、缝纫线等。

服装用材料涵盖的范围很广,从原料和品种的角度,大致可以分为纺织纤维类、皮革类和其他材料。在服装中,运用最多的是纺织纤维材料。根据纤维原料的来源,可以将服装用纤维分为天然纤维和化学纤维两大类。天然纤维指的是来源于自然界天然物质的纤维,包括植物纤维(纤维素纤维)、动物纤维(蛋白质纤维)和矿物纤维。化学纤维指的是用人工方法制造而成的纤维,根据原料及加工方法可进一步细分为人造纤维与合成纤维。

二、材料的特性

材料,作为服装艺术表现的载体,具有实用与审美的双重特性。实用的特性主要指的是服装材料的吸湿、放湿、透气、保暖、抗菌、防污、拒水等方面的性能。审美的特性则主要表现在材料的光泽、厚薄、软硬、可塑性、弹性、立体感等方面。服装设计成功的关键在于选用适当的材料,以实现造型、色彩与风格的和谐统一。了解和掌握各种材料的特性,是服装设计师准确表达设计理念的基础,也是其必备的基本素质。服装材料品种繁多,每一种材料都蕴含着各自的情感语言。

(一)光泽

根据材料表面反射光的强弱,可将材料大致分为无光泽型和光泽型材料。无光泽型材料,给人以稳重、理智、严谨、羞涩的感觉。而光泽型材料,则给人以高雅、炫目、华丽、流动、前卫之感。由于光的反射,随着穿着者的走动产生光影的变幻,带来意想不到的视觉效果。常见的光泽型材料有绸缎、皮革、人造丝、涂层材料等。绸缎的光泽比较柔和,使人感觉细腻、高贵和华丽,既适合于设计线条简洁、大方的旗袍、礼服裙,以突出织物的线条和垂感,展现其光滑、流畅、飘逸之美,也可通过施加一定褶皱装饰,改变光的反射,形成特殊的美感。皮革的光泽比较自然、冷酷,不适宜采用过多的褶饰,适宜于线条清晰的廓形,以突出材料的原始风貌。有光的人造丝织物或者涂层织物,反光很强,耀眼而不够柔和,具有强烈的视觉冲击力和时代感,是未来、太空、前卫风格设计的理想选择。总体而言,光泽型材料在运用时应力求造型的简洁,少做装饰,以展现材料本身所特有的光感和美感。

(二)厚薄

厚重型材料,质地厚实、挺括,体积感强,容易给人以庄重、浑厚、沉稳的印象,常用于秋冬季的套装和休闲装中。粗花呢、大衣呢、拉绒布、皮革等都是典型的厚重型材料。此类织物在设计和加工时,不宜采用过多的分割线和褶皱装饰,以增加工艺难度,在廓形上也不宜过于紧身贴体,可选择 H 型、A 型等宽松的轮廓。轻薄型材料,涵盖范围很广,包括棉、麻、丝、化纤织物。纯棉类的轻薄织物,如府绸、华达呢、卡其布等,轻薄而不失一定的硬挺度,风格朴素、文雅,还可通过加褶的手法塑造出别致的造型,广泛应用于衬衫、夹克衫等休闲服和便装中。麻类织物薄而硬挺,表面具有特殊的凹凸结点,形成了其独特的粗犷风格,是夏装的理想面料。轻薄的丝织物,易于表现女性优雅的身姿,可采用抽褶、叠加等方式,营造出优雅、浪漫、缥缈、朦胧的美感。

(三)软硬

柔软型的材料通常比较轻薄,悬垂感较好,适合于线条流畅、廓形自然舒展的造型。柔软型材料主要包括疏松的针织织物、丝绸以及轻细淡雅的麻纱织物等。针织类的柔软型材料,适宜采用比较宽松的款式和简洁的造型线条,以呈现洒脱、自然的风格。而柔软的丝绸、麻纱织物,则可通过施加褶裥,以产生特殊的韵律和动感。硬挺型的材料,主要有马裤呢、麦尔登呢、海军呢等,其特点在于质地较厚,身骨挺实,十分适合于表现鲜明、饱满的廓形,常用于秋冬套装、西服、职业服等的设计中。此外,硬挺型的材料,可塑性也比较强,也常用于表现夸张的、蓬松的、富有立体感的造型。

(四)立体感

服装材料的立体感通常指的是材料由不同织造工艺在材料表面形成的各种凹凸有致的纹路,抑或是起毛、起绒等效果。立体的效果能引导人的视觉由二维平面向三维空间延伸,使材料具有了一定的空间扩张性。在手感上,富有立体感的材料,亦有别于普通的平面型材料,通过触觉的感受给人以不同的心理体验。在设计方面,立体感强的材料应尽量原汁原味地保持其原有的风貌,故在毛向、缝份等方面应仔细斟酌。而平面型的材料,为了使其看起来不那么单调,可以通过一定的手法来获得立体效果。轻薄、柔软的材料,可以用压褶、悬垂、堆叠等表现手段来获得丰富的视觉效果;厚重、硬挺的材料,则多采用分割线或者装饰线的设计。

(五)悬垂性

悬垂性,指的是织物在自然悬垂状态下呈波浪屈曲的特性,是决定服装,尤其是裙装视觉美感的一个重要因素。悬垂性能优异的织物,具有良好的随身性,穿着后能随人体的运动而呈现出富有动感的流畅造型和完美的人体曲线,给人以视觉上的享受。织物的悬垂性通常与纤维原料的刚柔性关系密切。麻织物纤维的刚性大而悬垂性不良;丝织物、羊毛织物较为柔软,相应的悬垂性能就比较好。纤维与纱线的粗细也对织物悬垂性有一定影响,越细,悬垂性越好,例如高支的精梳棉织物、精纺毛织物等。不同的织物结构也是影响织物悬垂性的因素之一。针织物的线圈结构使其悬垂性能一般情况下要优于梭织物。

(六)弹性

弹性是指织物受外力作用后被拉伸,去除外力后能够恢复到原状态的能力。常见的弹性织物包括了针织物,及含毛纤维、氨纶纤维、涤纶纤维的织物等。弹性织物具有良好的伸缩性能,用其设计制作的服装,能很好地配合人体的动作,使人体活动自如,同时,还能展现优美的人体曲线。采用弹性织物的服装在穿用后依然能回复原有的形态,服装的保型性能优异。弹性织物具有非常丰富的表现力,可以塑造出宽松、粗犷、细腻、飘逸、优雅、浪漫等不同的风格。在工艺方面,弹性织物可以不通过省道的处理而消去多余的浮余量,制成浑然一体的、合体而又舒适的服装。

(七)可塑性

材料可塑性,亦可理解为塑形性,其对服装轮廓造型的准确表达具有重要的影响,同时服装的尺寸稳定性也与之密不可分。可塑性强的服装材料,定型和保型性能良好,厚重、硬挺的此类材料可以准确塑造出X型、A型、O型、H型、T型等各种几何造型,或柔美,或阳刚,或保守,或夸张,或复古,或前卫,给人以丰富的想象空间。而轻薄、塑形性好的材料,虽在塑造整体外造型方面稍逊于厚重型材料,但在表现局部造型及面料的立体肌理效果方面具有厚重型材料所不可比拟的优势。通常可采取揉、搓、拧等材料再造的手法赋予材料特殊的肌理效果和手感,使平面的材料向立体的空间延伸,呈现出全新的风貌。

第二节 服装材料的应用

一、服装面料的应用概述

(一)服装面料的应用概述

不同季节的服装,使用的面料是不相同的。按照穿衣的季节,可将服装分为春装、夏装、秋装和冬装;按年龄来划分服装有童装、青年装、中年装、老年装,不同年龄层对服装面料的需求是不一样的;按性别来分,可分为男装、女装。不同年龄、性别在不同季节、不同场合穿着的服装对面料的种类、色彩、图案要求是有差异的,这是需要我们关注和研究的。

1.四季常用面料:

(1)春季用面料:初春接着冬季的尾巴,乍寒还暖,衣着面料应选用毛精纺织物,如驼丝锦、贡呢、花呢、哔叽、华达呢;粗纺呢绒,如麦尔登、海军呢、海力蒙;化纤毛型织物和各类混纺毛织物(毛的比例少于50%),如中长花呢、华达呢、细条灯芯绒等面料;各种纯棉织物以及棉、麻和各种比例的混纺织物,都是做春季服装的理想面料选择。

驼丝锦(doeskin)原意为"母鹿皮",寓意为品质精美。它有精纺和粗纺两种,织物重约 $321 \sim 370g/m^2$。驼丝锦是细致紧密的中厚型素色毛织物,适宜制作礼服、上装、套装、猎装等。

贡呢(venetian)是用精梳毛纱织造的中厚型紧密缎纹毛织物。织物重约260~380g/m²,适于作礼服、男女套装面料。

花呢(fancy suiting)是采用起花方式(如纱线起花、组织起花、染整起花等)织造的一类毛织物。

哔叽(serge)的含义是"天然羊毛的颜色"。哔叽是用精梳毛纱织造的一种素色斜纹毛织物。其呢面光洁平整,纹路清晰,质地较厚而软,紧密适中,悬垂性好,以藏青色和黑色为多。适于作学生服、军服和男女套装面料。

华达呢(gabardine)又称轧别丁,是用精梳毛纱织造,有一定防水性的紧密斜纹毛织物。适宜制作雨衣、风衣、制服和便装等。

麦尔登(melton)是用细支散毛混入部分短毛为原料纺成的斜纹组织,经过缩绒整理而成的品质较高的粗纺毛织物。

海军呢(novyclot)因世界各国海军用这种呢绒制作军服而得名。它是粗纺制服呢类中品质最好的一种,呢身平挺、细洁。该织物还适宜于制作秋冬季各类外衣,如中山装、军便装、学生装、夹克、两用衫、制服、青年装、铁路服、海关服、中短大衣等。

海力蒙(herringbone)是属于厚花呢面料中的一种,因其呢面呈现出人字形条状花纹,形似鲱鱼胫骨而得名。适于制作男士外套、裤子等。

(2)春末夏初用面料:春末夏初季节服装,多有运用各类纤维织成的提花面料、色织格子面料、牛仔面料、弹力面料等,一般用于制作内衣或休闲服装为主。

提花面料是在面料织造时用经纬组织变化来形成花纹图案。提花面料花型逼真、风格新颖,使用纱支精细,因而对原料棉纤维要求较高。该织物可分为梭织、经编提花和纬编提花织物。纬编织物的横、纵向拉的时候有很好的弹性,手感柔软。经编和梭织提花横、纵向拉是没有弹性的,手感较硬。它是既有全棉交织,又有涤棉交织的面料。

色织格子布是用事先染好的纱线再纺织成布的色织物(织成白坯布然后印染的叫白织),常被用作衬衫面料。适宜作春装的色织格布,可分粗格、细格、单色格、复合格。同色或不同色,还可以进行不一样的组合。素色格子布的色彩比较典雅、清新;色织彩格布柔和、明快、舒适、惬意。

牛仔布始于美国西部,因放牧人员穿着的衣裤而得名。它是一种较粗厚的色织经面斜纹棉布,经纱颜色深,一般为靛蓝色;纬纱颜色较浅,为浅灰或煮练后的本白纱。牛仔面料,织物纹样各异,有菠萝格、提花牛仔布、针织牛仔布等。用轻、薄、软的牛仔面料制作的牛仔装更为时尚、舒适,也为众多男、女性,老、中、青等人群所喜爱。

印花布指通过滚筒印花、圆网印花、数码印花等方式,针对不同的纤维,使用不同的染料,印制出各种花纹图案的面料。主要适合制作各类衬衣、裙装,也可作为外套面料。有全涤、棉涤交织、纯棉提花、纯棉常规染色面料、纯棉印花面料、纯棉纱卡、纯棉府绸等品种,都是春季服装的理想面料。

(3)夏季用面料:夏季服装使用薄型面料做服装居多,主要有纯棉、薄纱、雪纺、缎面、丝、棉纤交织等织物。如涤纶雪纺花型风格的喷织印花,各种红、绿小花卉纯棉印花面料,米白底花纹或黑田字格等花型混纺印花面料也常有使用。这些面料是女性夏令时节较合适的休闲套装、套裙、休闲衬衫、简易风衣、短装、短裙、连衣裙等时装面料。这些面料以不同纹样、款式风格各异,不断翻新,备受女性的欢迎。而男士多以高支高密的府绸制作正装长袖衬衫,纯棉、混纺的斜纹织物作休闲衬衫、针织T恤,以纱罗等薄织物为主短袖衬衫和薄型外套。运用的色彩除了男性服装的经典色外,目前男士往往采用中性色和有花纹图案的面料做服装,以示独特的个性。

(4)秋季用面料:秋季服装以西装、风衣、夹克等外套服装为主,内衣与春季服装相似。因此,面料一般以精纺、粗纺(纯毛)呢绒、毛涤面料、毛黏面料、毛黏斜纹呢(含毛10%～20%)各类薄型、厚型织物。

男性服装色彩多以黑色、灰色、深藏青、褐色等为主,但也常有时尚男士穿着色彩鲜艳的外套。女性服装色彩常用玫红、大红、宝蓝、黑、白等亮色面料。但目前,女性更多喜欢能体现自己个性和流行的色彩。适合大众化消费者服装的色彩有藏青、金黄、米色、杏色、金米色、宝石红色、黑白双色等。

(5)冬季用面料:冬季服装主要有大衣、毛针织衫(毛衫)、羽绒服、厚型棉内衣等。使用各类精纺、粗纺呢绒面料用以制作大衣用面料,使用纯毛、混纺毛线编织针织毛衣。有些秋季外套用的面料在冬季也常被使用。羽绒服是御寒较好的服装,面料则用防水型涂层(覆膜)以及轧光面料,它具有密度高、防水、保暖的功能。近期,研发的PTFE(四氟乙烯面料)透气防水面料是很好的羽绒服面料。冬季的内衣,如衬衫、棉毛衫基本使用纯棉织物制作。

2.童装、老年装面料应用设计:儿童、老人是两个特殊群体,他们的服装除了常规的功能要求外,还有年龄的特殊需求。

(1)童装:童装可分为婴儿装、幼儿装、少童装等。由于儿童的皮肤娇嫩,所以服装在面料材质上,首先要选择适应儿童细嫩娇柔的肌肤,按国家标准要求对童装面料进行选择。如儿童用面料,根据国家强制性标准,面料的甲醛含量为0,且手感柔软、吸湿透气性强的天然纤维面料。同时,面料的视觉设计要符合儿童生理、心理需要,如色彩、图案的设计要有童趣。在材料设计方面,以舒适性、透气性、耐磨性等为优先考虑的因素。

由于婴儿的皮肤非常柔嫩,排汗量大,大小便排泄频繁,因而婴儿装的面料以柔软、耐洗涤、吸湿与保温性能良好的棉、毛织物为主,如细平布、泡泡纱、毛巾布、精纺毛织物、法兰绒等天然纤维材料。

幼儿装以柔软结实、耐洗涤、不褪色的平纹织物、府绸织物以及毛织物或混纺交织物等面料为宜,还应注意选用质地柔软的织物,夏季注重吸湿性,冬季选用保暖性好、重量轻的面料。

少童装讲究柔软、宽松、易于穿脱、便于活动。所以,面料应尽量选用牢度好、舒适、耐洗涤、不褪色、不缩水的面料。夏季可用吸湿和透气性较好的细平布、色织条格布、泡泡纱等,冬季和春季可选用厚棉布、卡其及各种混纺织物。

童装面料的中性色调始终主导着童装面料的色彩,例如,红色系列中柔和的桃红色、鲜嫩的粉红色,浅淡的中明度橙红色与之相互交映,蓝色系列中柔嫩的浅蓝色也成为主流色彩。在注意色彩的应用时,还要关注儿童面料的时尚趋势,让孩子们也能从小领略时尚的要素。

(2)中老年服装面料设计:目前,中老年人对服饰、仪表的要求也是与时俱进,不同的身份、经历使他们具有不同的审美情趣。因此,总体概括中老年人群对服装的选择是:以端庄文雅的传统风格融入现代人所崇尚的简洁、大方、实用、自然的服装为主。同时中老年人群对于服装的要求,已经一改过去要求耐穿、价廉,而是要服装能够和自己的身份、生活环境相融合,要能体现自己的个性和爱好以及他们对美的认识和自己的人生阅历。他们喜欢的面料,以舒适、柔软、透湿透气性能强的天然纤维织物面料为首选。普通的化纤、混纺织物以其价格偏低、实用性强的面料,成为他们用以日常外套的面料选择。在选择面料材料时,他们会综合自己的体型、肤色、个性等因素来选择,如胖体型会选择薄厚适中、较挺括的面料;瘦体型比较适合柔软而富有弹性的服装面料等。皮革类的服装是他们理想的冬季服装,但价格可能会影响他们的购买力。

在服装颜色选择上,中老年人适宜选与肤色相宜的色彩,这样可以使肤色显得年轻、健康。偏暖色调的浅色服装会使人的面部显得红润、明快。皮肤白的人选择色彩的范围较广,但面色苍白的人则不适宜穿黑色服装;肤色偏黑的人,一般应选择一些明快淡雅的颜色;肤色偏红者不要穿鲜明的深色服装;而面色偏黄的人不太适宜穿着大面积黄色调的服装。所以,中老年人群在选择颜色时,不只要强调个人的爱好,而要根据自己的体型、肤色、喜好,整体协调选择面料色彩。如果体型有缺陷,可以考虑借助色彩和花纹图案掩饰缺点,例如,体胖的人最好选深色服装或竖条纹图案,瘦的人可以选浅而鲜的颜色或格子、横条纹的服装,胯宽的人下装应多采用深暗色的面料选择。

推荐几种中老年人较适宜使用的面料:

尼丝纺:为锦纶长丝类丝织物。它具有平整细密、绸面光滑、手感柔软、轻薄而坚牢耐磨、色泽鲜艳、易洗快干等特性,主要用作女士服装。

涂层织物:将黏合材料涂层在织物一面或正、反两面,形成单层或多层涂层的织物。主要用于运动服、羽绒服防雨派克、外套以及高级防水透湿功能的滑雪衫、登山服、风衣等。还可以做帐篷、鞋袜、窗帘、箱包。

巴拿马面料:双平双纬的方平组织,布面颗粒突出,似帆布,弹性好。有真丝巴拿马面料、涤棉拿马面等,根据需要可做各类男女服装面料,还可以做箱包、鞋帮面料等。

轧别丁(gabardine),即华达呢:它是用精梳毛纱织造的紧密斜纹的毛料。手感厚实、外形挺括,根据用途有多种规格。如做男装,用紧密、滑挺轧别丁面料;女装用糯滑柔软、悬垂适体,织物较松的轧别丁面料。这种毛料穿后受磨部位,如臀部、膝盖等处因纹路被压平,纤维受到磨损,易产生极光。目前已用纯棉、涤棉、毛混纺面料,不再限于毛型织物了。

烂花织物:是运用于化学纤维与纤维素纤纤维混纺的织物,它是用强酸性物质调浆印花,烘干后,纤维素被强酸水解,经水洗后便得到事先设计的凹凸的花纹。烂花织物除了用于服装面料外,还可以用于床上用品、家居用品。

涤纶花瑶:花瑶是指湖南省境内的湘西南腹地隆回县里的瑶族的一个分支,花瑶服饰独特、色彩艳丽。涤纶布是一个大类面料,它的特点是褶皱、滑爽。可以做春夏衣的面料(由于涤纶纤维的吸湿性、透气性较差,目前一般不用作内衣面料),也可以做秋冬季服装的里料,还可以做连衣裙面料、箱布面料等。

乔其纱:适于制作妇女连衣裙、高级晚礼服、头巾、宫灯工艺品等。乔其纱质地轻薄透明,手感柔爽富有弹性,具有良好的透气性和悬垂性,穿着飘逸、舒适。它不仅适宜女士制作休闲装,也是制作围巾的理想面料。

丝绒:是将织物表面绒毛割成平行整齐的绒毛,是有光泽的绒丝织物的统称。可以做女式休闲类服装,但以做晚礼服装为主,也是用于高端的裙料。

3.各类服装主要款式用面料:[①]

(1)西服:西服源于欧洲,它通常指男西式套装。西服有两件套(上、下装)、三件套(上、下装和背心)、单装(上、下装用不同材料、不同工艺、不同色彩)等多种组合。西服领有平驳头和戗驳头等不同款式,前身有单排扣与双排扣,为了活动方便,西服的款式还设有背开衩、旁开衩等。除了正装西服,目前还有休闲西服,而

[①]邢声远,郭凤芝.服装面料与辅料手册[M].北京:化学工业出版社,2008.

且款式多样,色彩丰富。

男式西服:男式西服(二件套或三件套装)面料以纯毛面料、毛/其他纤维混纺面料为主,在不同场合选用不同面料,款式为单排扣和双排扣。

通常正式的西装选用各类全毛精纺、粗纺呢绒面料。在正式场合穿着的西装用面料十分讲究,以光洁平整、丰糯厚实的精纺毛料为主,精纺织物如驼丝锦、贡呢、花呢、哔叽、华达呢等;粗纺织物如麦尔登、海军呢、海力蒙等,这些面料质地柔软、细密,厚薄适中,是男式西服非常好的面料选择。男西装(正装)除了以全毛精纺或粗纺面料为主外,含毛量在80%以上的混纺毛织物同样适用于做西服正装。

除正装西服外,对于其他类别的西装,如休闲西装可以用山羊绒、骆驼绒、兔毛等。除了纯纺面料,也多有日常穿着的西服使用混纺面料,一般毛的比例少于50%。除此之外,也有化纤毛型织物如中长花呢、华达呢等,使用也较频繁,由于面料价格便宜,所以是有一定消费群体认可的面料。

常见的男西服正装的面料有啥味呢、凡立丁等。下面简单介绍一下这两种面料:①啥味呢(semifinish)是用精梳毛纱织制的中厚型混色斜纹、轻缩绒整理毛织物;织物适宜于做裤料和春秋季便装;②凡立丁(valitin)又叫薄毛呢,是精纺毛产品中的夏令织物品种,采用平纹组织,其特点是毛纱细,密度稀,呢面光洁轻薄,手感挺滑,弹性好,色泽鲜艳耐洗,抗皱性能强,透气性好。它是良好的春季衣料中经纬密度在精纺呢绒中最小的面料。

西装便服(休闲西装)可以选择棉、麻、丝等织物,亚麻织物、真丝织物、双面针织物等在单件西装中采用较多。

男式薄型西装一般选用面料密度较小、手感轻软的精纺面料,如薄花呢、单面华达呢、凡立丁等;棉、麻、丝的混纺织物和化纤的混纺织物也适宜做薄型西装。

用棉织物及其混纺产品做成的西装是便装,麻织物、丝织物是西装面料中"异军突起"的材料。用麻、涤丝、涤棉、涤纶等纤维混纺的织物,既保留了天然织物的特点,同时又具有化学纤维的平挺、不易玷污的特点,选用此类面料制成的西装风格别样,而且价格适宜。

在各类档次的呢绒面料中,高、中、低档都可用于制作男式西便服,特别是涤毛织物,缩水率小、平整、光洁、平挺、不变形,制成的西装易洗、易干、耐磨、耐穿、免熨烫。各类仿毛织物、棉织物(如灯芯绒)以及各类化纤织物因其价格低廉,花式品种各具特色,也常用于制作西便服。

灯芯绒是割纬起绒,表面形成纵向绒条(像一条条灯草芯)的棉织物。灯芯绒质地厚实,保暖性好,适宜制作秋冬季外衣面料。

法兰绒(flano,flannel)一词系外来语,于18世纪创制于英国的威尔士。它是一种用粗梳毛(棉)纱织制的柔软而有绒面,其反面不露织纹,有一层丰满细洁的绒毛覆盖毛(棉)织物。它适宜用于制作各种大衣及毛(棉)毯。

女式西服:女式西服一般选用各类精纺或粗纺呢绒来制作。精纺花呢具有手感滑爽、坚固耐穿、织物光洁、挺括不皱、易洗免烫的特点,是女西服的理想面料。常用的有精纺羊绒花呢、女衣呢、人字花呢等。花呢类是呢绒中花色变化最多的品种,有薄、中、厚之分。粗纺呢绒一般具有蓬松、柔软、丰满、厚实的特点,适合深秋或初春较为寒冷季节穿着,如麦尔登、海军呢、粗花呢、法兰绒、女式呢等。

女式单件西装要根据不同款式、造型风格选择面料。宽松型西装有较浓的时装味,其选料的范围较大,在不同季节、场合,可选用棉、麻、丝、毛等纺织面料。同时也可以根据个人喜好,选用其他面料,如窄条灯芯绒呢、细帆布、亚麻布、条纹布等棉、麻织物。对合体型西装一般多选用各类精、粗纺呢绒及各种化纤织物,如涤黏平纹呢、涤棉卡其、中长华达呢等面料。不同材质的面料,可以从不同角度表达女性的内涵。下面介绍一种独特的休闲西装外套的面料——细帆布:细帆布(canvas)是一种较粗厚的棉织物或麻织物,因最初用于船帆而得名。一般多采用纱支细、密度高、克重低的涤棉或者纯棉平纹组织,少量用斜纹组织,经纬纱均用多股线。帆布通常分粗帆布和细帆布两大类,可做各类时尚休闲外套、衬衣。

(2)中山装:作为国人推崇的常式礼服,它同时也承载着一种文化、一种礼仪、一份民族自尊和自豪感。作为礼服用的中山装面料宜选用纯毛华达呢、驼丝锦、麦尔登、海军呢等。这些面料的特点是质地厚实、手感丰满、呢面平滑、光泽柔和。这些特点与中山装的款式风格相得益彰,使服装更显得沉稳庄重。作为便装的中山装用的面料,可以是棉布、卡其、华达呢、化纤织物以及混纺毛织物,也可采用一般的化纤面料,这些类别的面料也可作为同属于中山装系列的军便服、青年服、学生装等。

春秋季中山装可选用毛哔叽、毛华达呢、板司呢等面料;夏季中山装可选用派力司、凡立丁、凉爽呢等面料;冬季中山装则可选用麦尔登、海军呢等面料。

(3)衬衫:衬衫分为春夏季衬衫和秋冬季衬衫。春夏季衬衫包括男式正装衬衫、女式衬衫、休闲衬衫。春夏季男式正装衬衫,面料一般使用较华贵的真丝塔夫绸、绉缎、府绸等,全棉精梳高支府绸是男式正装衬衫用料中的精品。春夏季女式衬衫面料的选择根据用途而定,府绸、麻纱、罗布、涤纶花瑶、涤棉高支府绸细纺及烂花、印花织物等都是常用来制作女式衬衫的面料,质地轻柔飘逸、凉爽舒适的真丝织物也是女式衬衫的理想面料,真丝砂洗双绉,表面有细密毛绒并具有砂石磨洗外观,穿着舒适、轻盈清爽。常用的面料还有真丝绸缎、软缎、电力纺、绢丝纺及各式棉、麻织物、化纤织物。仿男款女衬衫对面料质地要求和男式衬衫相似,高支麻织物、细纺也是仿男式女衬衫的很好的用料,日常穿用的仿男式轻薄女衬衫均选用纯棉或涤棉府绸、细布。春夏季休闲衬衫对面料的要求是质地坚牢厚实、柔软吸湿,通常选用丝光纯棉或涤棉混纺的方格布、华达呢、纯棉精梳丝光卡其、纯棉蓝斜纹布或牛仔布。牛仔布面料一般均经过石磨、水洗、预缩,并进行防缩树脂整理。运动休闲衬衫选择面料范围较广,棉、麻、丝毛、化纤都可使用,较高档的运动休闲衬衫可选择丝织物,如真丝塔夫绸、香云纱、双绉、软缎及电力纺等。

秋冬两季穿用的衬衫可以表现端庄、雅致,也可以随意、休闲,但前者要求织物平整丰满、厚实细密、柔软吸湿、耐洗经穿,而后者要求透气、吸湿、舒适。面料主要选用毛织物、棉织物及混纺织物,如全毛单面华达呢、凡立丁、花平布、条格呢、罗缎、细条灯芯绒及薄型涤棉织物。

(4)夹克类服装:夹克衫分拉链式、撒扣式和普通钉扣式三种。其结构主要特征是两松两紧一短一多,两松指衣身、袖身宽松,两紧指袖口、底摆收紧,一短指衣长齐腰臀,一多指分割多。

厚型夹克:深秋、冬季穿着的夹克常用毛呢、皮革等厚面料制成。男式厚型夹克款式颜色随时尚而变,面料主要选择丰厚、大方、实用的毛型面料,高档夹克选用毛华达呢、哔叽及各种花呢,冬季穿着的夹克除了选用麦尔登、海军呢、粗花呢、法兰绒等厚实的粗纺面料以外还选用牛皮、羊皮等天然皮革材料,一些化纤面料,如涤纶织物以及针织面料也常为大众所选用。

对于秋季穿用的厚型女夹克,一般会选择手感厚实的中厚型织物。面料类型有各色粗花呢、法兰绒、花呢、华达呢、哔叽等毛织物。棉平绒、灯芯绒、细帆布、中长花呢、涤棉卡其、涂层织物、弹力织物、腈纶织物、涤纶等织物也是女式厚夹克的常用面料。

薄型夹克衫:薄型夹克衫来源于运动服,是人们在非正式场合的着装(闲逛、走访、疗养、度假休憩)。薄型夹克衫可选择不同面料,选料时须注重色彩、质感。近年来,电脑绣花、镶拼等装饰手法也常运用于夹克衫的制作中。

男式薄型夹克可以选择挺爽、飘逸、轻薄的面料制成,可以使用高档面料,如真丝、斜纹砂洗面料、绢丝砂洗面料及麻织物等。也可以选用普通面料,如水洗布、纺绸及仿麻织物等。在其色调方面可以选择鲜亮些,也可选素色面、条纹、格子布料及印花面料。

女式薄型夹克一般选用平挺、干爽、平滑、飘逸、悬垂性好的面料,既可以选择品质好的丝、毛、麻织物,如砂洗真丝电力纺、真丝绸缎、双绉、全毛薄花呢、全毛印花织物及麻织物等;也可选择中低档面料,如棉型府绸、斜纹布及各种印花、提花织物和格调清新、纹理优雅的条格织物等。

学龄前男童夹克面料以耐磨、耐脏、吸湿、透气、易洗、可穿性好的面料为首选,常用面料有平绒、灯芯绒、卡其布及双面化纤针织物。

学龄男童夹克面料强调质地好,耐洗、耐磨,价格要经济实惠。常用的面料有涤纶华达呢、卡其、府绸、劳动布、坚固呢、细帆布等各种大众面料。

各种清雅秀丽的条格及印花织物,是学龄前女童夹克的理想面料,如罗缎、府绸、富春纺、牛仔布、卡其及涤纶等中厚型织物。一般来说,学龄女童夹克在面料选择上一般以大众化织物为主,如牛仔布、富春纺、涤棉府绸、平布、绵绸、平绒、灯芯绒及其他各种化纤针织、机织物等面料。

(5)猎装:猎装对面料选择的要求较高,一般应选外观平挺、质地紧密、"身骨"较好的面料:①长袖猎装可以选择人字呢、粗花呢、军服呢等厚型毛料,也可以选用哔叽、华达呢、啥味呢、细帆布、中长花呢、中长条格织物等薄型毛料和棉型织物;②对于短袖猎装,面料既可以选择全毛派力司、凡立丁、单面华达呢等毛织物和丝、麻织物等高档面料,也可以选择中长花呢、涤棉线呢、府绸及纯棉、卡其等大众类织物。

(6)卡曲衫:卡曲衫,主要用于春秋季穿着,多有夹里。服装面料以稍厚实平挺为宜。雅致的条格织物是制作卡曲衫的理想材料。我们选料时既可以选粗花呢、海力蒙、法兰绒、驼丝锦等毛料,也可选用中长华达呢、花呢、克罗丁等化纤织物,还可用灯芯绒、细帆布等棉织物。

(7)风衣:指能够防风的大衣。一件好的风衣需要其面料既柔软又防水。风衣由于其造型灵活多变、美观潇洒、方便实用等特点,适合于春、秋、冬季外出穿着,也是近二三十年来比较流行的服装,深受中青年男女的喜爱。它可以用纯天然的棉、毛、丝及化纤等织物,也可以用各类混纺织物。春季以各种中长化纤织物、涤棉卡其、防水涂层织物等为主。在秋季使用毛织物较多,秋季风衣用的毛料以平坦丰满、厚实、保暖防风、耐磨耐穿为标准,全毛缎背华达呢、贡呢、巧克丁、麦尔登、海军呢、哔叽、华达呢均是面料中的佳品。

风衣里料必须耐用美观,穿用滑顺,吸湿透气,抗污耐磨。里料以缎织物、斜纹织物为主,如美丽绸、羽纱等。

(8)唐装:唐装是我国的传统服装。通常用"唐装"这一简称来表达现代中式服装的美。唐装用料要求布料手感滑爽、质地挺括、外观细洁。夏季唐装面料可选用淡浅色调的丝绸印花双绉、斜纹绸、乔其纱、绢纱、茛纱等,这些面料上常印有中国元素的纹样。这些织物质地柔软、滑爽,光泽柔和,透气性能好,飘逸华贵。春秋季唐装面料可选用中深色绸织锦缎、古香缎、彩锦缎、罗缎、金银龙缎等软缎,这些织物质地平挺,手感好,是制作唐装较好的面料。正式场合(重要会议、迎宾、赴宴等)穿着的唐装可选用织锦等软缎,以体现华贵高雅的气质。

(9)裙子:裙子是遮盖下半身的筒形下装,它是人类历史上最早出现的服装。随着历史的进程,时代的变迁,裙子的款式日趋美观、时尚。对自己的体型不是太满意的女性可以选择大裙摆的裙子。因为,这能够充分显示女性腰部的苗条曲线,并能遮盖着一些体形上的不完美。

长、短裙装:长、短裙装可以作为秋冬季、春夏季的下装。秋冬季裙装,可以选用女式呢、哢味呢、薄型花呢做长裙较合适,适宜深秋初冬时节穿着。春季裙装,可以选用杏皮桃、中长华达呢、毛涤哔叽等面料。夏季裙装,可以选择轻薄、柔软的面料,如柔姿纱、富春纺、麻纺等飘逸轻柔的面料,制作短裙、连衣裙、喇叭裙,这些裙装透气性好,行走时飘逸,能驱湿热,凉爽舒适。

西装套裙:西装裙与西服配套,可组成上下装。一般要求面料手感光滑丰满、悬垂性好、挺括、有丝绒感,可选用各类毛织物,如轧别丁、法兰绒、薄花呢、女式呢等,还有各种较为挺括、厚实的条格面料和点子面料,西服套裙以合身为宜。春夏季西装套裙,既可选用丝绸面料,穿着舒适、典雅,也可选用麻纱、人造棉、府绸等面料,它们具有吸汗的特点,穿着也极为舒适。

一步裙:穿着一步裙后差不多只能迈一步距离,而且只能慢走,不能跑,不能做多种大幅度的身体动作,但却是非常具有女人味的一款裙装。一步裙适合办公室女性在工作中穿着。在生活中,因为穿一步裙局限性大,行动非常不便,因此,在日常生活中少有人穿着。全毛、混纺的呢料是制作冬季一步裙的常用面料,在春夏交替的季节,一步裙的面料还可以使用各种纯棉纺织或混纺织的薄型织物,夏季一步裙可以选择乔其纱、帐花呢、花瑶、绵绸、杏皮桃、柔姿纱等面料。面料若较透明,可用衬里或是配以衬裙,还可以在关键部位加以装饰,使之产生不同寻常的魅力。用牛仔布做成的一步裙以其充满青春活力的风貌,在流行的新潮中备受喜爱。

连衣裙:夏季穿用的连衣裙,是最能显示女性形体美的裙装。为此,连衣裙要求款式新颖、多样、漂亮,面料轻盈、悬垂自然、凉爽、透气、吸水性好。常用的轻薄的织物有棉布、丝绸、亚麻织物和化纤等织物,还有薄型的针织汗布、棉毛布、罗纹布、真丝双绉、乔其纱、夏夜纱等,都是制作连衣裙的理想面料。

衬裙:用绢纺、电力纺、美丽绸等织物制作的衬裙,柔软舒适,有利于衣服内外空气流通和热量散发,玻璃纱也比较适宜制作短衬裙。

(10)泳装:由于泳装的面料要求轻、薄、有弹性,一般使用针织面料。也可用仿天然纤维的合成纤维织物、经编织物和弹力织物,还可用伸缩性好的醋酯纤维,或聚酯或聚酰胺纤维与聚氨酯纤维的交织物做的面料,具有轻薄、滑爽、弹性好、色彩艳丽、穿着舒适的特点。作为白色或浅色泳装的针织物常用由防透明纤维与改性聚氨酯纤维交织而成。

(11)裤装:裤装分为西裤、宽松裤、牛仔裤、健美裤和短裤。西裤包括男西裤与女西裤。男西裤一般与西服搭配穿着。作为男西裤的面料,要求平挺滑爽,牢度好。若是制作轻薄的男西裤,宜选择平挺、干爽、吸湿、悬垂性好、织纹细腻的面料,如全毛凡立丁、派力司、单面华达呢、双面卡其、涤棉、纯棉府绸平布,或具有麻织物风格、质地爽挺的化纤织物。春秋用男西裤以平挺丰满、厚实的织物为好,传统西裤多用轧别丁、法兰绒、卡其、哔叽为面

94

料,也常用涤纶花呢、中长织物做裤料。女西裤选料范围较大,春秋季以全毛、毛涤、棉混纺和各类化纤织物为主,如薄花呢、单面华达呢、毛涤凡立丁、轧别丁、法兰绒、卡其、灯芯绒、细帆布等,其中格子花呢、人字纹花呢等一些中厚花呢,是较理想的西装裤面料。这些织物面料所用纱支高,织品密度大,质地紧密,呢面细洁,织纹清晰,丰满而滑爽、色泽鲜明,挺括、弹性好、不易沾污、经久耐用。用这样的面料制成的女西装裤,造型优雅合体;夏季西裤可选用丝绸类织物,也可以选全棉、棉麻等织物,如双绉、乔其纱、绵绸、卡其等,这些面料具有透气性好、穿着舒适。

曾有人试用一些较为轻薄的面料制作西装裤,与挺括的西服上装搭配穿,由此产生强烈的对比,产生意想不到的效果。这启发我们用支数相差悬殊的面料搭配上下装,可能会达到独特的视觉效果。还有用重磅仿真丝织物,如重磅涤双绉、重磅亚麻呢以及有良好悬垂性的针织面料等,制成的女西裤具有时装韵味,可以灵活地与羊毛衫、时装衬衫配合穿着。

不同类型的着装者对宽松裤的面料质地和色彩有不同的选择。对喜欢穿着随意自在的人来说,颜色朴素、大方,质地较为粗糙的面料才是他们的最爱。如果要穿着讲究,那么马裤呢或斜纹织物的宽松裤是最好的选择。在寒冷季节里,棕色、栗褐色、深灰色灯芯绒面料的宽松裤最漂亮,天气暖和时,可以选用黄色丝光卡其或靛蓝牛仔布的宽松裤。对于稳健保守的人穿着的宽松裤,或许仍喜欢传统的样式和柔和的色调,以保持风格,对他们来说,冷天穿用灰色法兰绒宽松裤,而棕色卡其、细条灯芯绒和奶白色巧克丁则作为春秋穿着的宽松裤。

风雅型男士总是喜欢衣着雅致合时,干净利落,所以他们对宽松裤的选料十分考究,常以上乘的面料为主。比较开放型的男士选用在休闲场合穿着的宽松裤料,一般选择华达呢、巧克丁、纯棉细条灯芯绒、优质棉双面卡其、涤棉线呢等织物。如果要变换花样,可以选用文静的方格呢、白色细帆布、灰色法兰绒浅淡的棕色华达呢等面料。下面介绍一种适于做宽松裤的面料——巧克丁。巧克丁(tricotine)有"针织"的意思,其呢面织纹比马裤呢细,采用变化斜纹组织,呢面呈斜条组织形状,与针织罗纹相似。适宜做运动装、制服、裤料和风衣等。

质地坚硬、厚实的斜纹面料可做成牛仔裤。牛仔布常要水洗石磨,经多次洗磨后,颜色更加鲜亮,布面上产生微小白毛,呈现出牛仔布的特有风格。

健美裤使用各种轻薄的或弹性良好的面料制作,如羊绒弹力布、涤纶弹力布、氨纶弹力布,还有一种内穿的健美裤,是用羊毛或羊毛与其他材料混纺的针织健美裤。这种健美裤保暖性相当好,冬季可当内衬裤穿,可以丝毫不影响外裤的造型。

传统的短裤较适宜于中、老年人穿着。使用涤棉卡其、薄花呢、凉爽呢等面料,做成的裤子平挺,再配上T恤或衬衫,显得更加有风度。宽松式短裤采用宽松结构,抽褶、折宽褶等工艺,增加了裤子的宽松舒适程度。纯棉织物和人造棉织物透气性好,质地柔软,很适合做宽松短裤。真丝双绉、真丝砂洗也是流行的女式短裤面料,其质地滑爽,适合夏季穿着。各类印花的、条格的棉织物面料,制成的短裤随意轻松,又不失时尚,深受少女们的喜爱。

(12)毛衫:毛衫使用针织工艺制作,用平针、罗纹针、双反面、提花、移圈、集圈、纱罗、菠萝组织结构来表现毛衫的各类花型纹样。

毛衫分为精纺毛衫和粗纺毛衫两类。精纺毛衫的基本原料是绵羊毛纱线,具有较高的纤维强度、良好的弹性及热可缩性等。精纺毛衫一般不经缩绒整理,产品布面平整、挺括,针纹清晰,手感柔软、丰满有弹性。除绵羊毛之外的其他动物纤维,因其纤维线密度或长度不适合于精梳毛纺系统纺纱,所以很少有精纺。粗纺毛衫常用的纱线有羊绒纱线、马海毛纱线、兔毛纱线、羊仔毛纱线、驼毛纱线、牦牛纱线、雪兰毛纱线等。

高级精品细羊绒针织面料,以其轻、薄、柔、软、滑、糯、舒适的服用性能和高雅独特的风格深受大众喜爱,经常用来制作高档服装精品。

羊仔毛细、短、软,常与羊毛、羊绒、锦纶等混纺成羊仔毛纱,羊仔毛毛衫毛感强、蓬松、弹性好,经缩绒、绣饰即可成为女士喜爱的毛衫;马海毛纱适宜做蓬松毛衫,毛衫一般经缩绒整理,也有采用拉绒整理,以呈现表面有较长光亮纤维的独特的风格;兔毛衫经缩绒整理后,具有质轻、丰满、糯滑的特质;安哥拉兔毛色纯白,富有光泽,粗毛很少,是高级兔毛衫的原料;驼绒缩绒性较差,性质与山羊绒接近,驼绒纱是毛衫常用原料,其面料蓬松、质轻、保暖性好。

(13)大衣:大衣的种类较多,以面料区分,有呢大衣、皮大衣、羊绒大衣、羊毛大衣、羽绒大衣等;以款式区分,有长大衣、短大衣、轻便大衣、军大衣等。秋冬季所用面料以丰厚柔软、富有弹性、光足、色泽好为标准。

男式大衣:男式厚呢大衣以灰、蓝、黑等深色为主。其传统面料为拷花大衣呢、海军呢、羊绒织物、驼绒织物、粗花呢等粗纺毛料及缎背华达呢、马裤呢、华达呢等精纺毛织物,是做厚呢大衣的理想面料。目前在国外,打猎露营用的运动大衣,是以防雨布或厚大衣呢制成的起绒粗呢大衣,已在很多场合中代替了厚呢大衣。

女式大衣:女式中长和长大衣选料要求厚实、丰满、滑糯。羊绒、驼绒及各种羊毛织物较贵重,如细腻的羊绒大衣呢、面料表面可见丝丝银线般的银枪大衣呢、各种拷花大衣呢、平厚大衣呢、立绒大衣呢、顺毛大衣呢等是制作女式大衣的主要面料,也有些女式大衣以精纺毛织物制成。其他大众面料如各种化纤仿毛织物、涂层防水布、高密斜纹布、磨毛卡其、哔叽也都有选用。为了使大衣更加美观,还会用裘皮及人造毛皮制成衣领或装饰袖、袋及下摆。

幼童大衣:幼童大衣的选料以灯芯绒、尼丝纺、牛仔布、卡其、巧克丁、平绒及各种化纤织物为主,特别是各种动感韵律强的、对比明显的条格面料及印花面料是幼童大衣的理想选材。女童大衣也常以提花绸为主要面料,同时选用软缎、织锦缎、古香缎或人造棉印花布等面料的也比较多。

(14)羽绒服:羽绒服是一种常用的防寒服装。它是用经过精选、药物消毒、高温烘干的鹅绒毛或鸭绒毛作填充物,用各种优质薄细布作胆衬料,根据设计的服装款式,用直缝格或斜缝格制出衣坯,固定羽绒,用各色尼龙布作内"胆",以高密度的防绒、防水的真丝塔夫绸、锦纶塔夫绸或TC府绸等织物作面料,缝合而成。市场上常见的品种有羽绒夹克衫、羽绒大衣、羽绒背心、羽绒裤等。近年特别流行藏胆式易拆洗的羽绒大衣及各种穿着显腰身的新款式羽绒服。

羽绒服面料可简单分为硬、软两类。质地较"硬"的面料平整、挺括,制成的衣服穿起来精神、潇洒。质地"柔软"的面料轻软、细密,制成的衣服穿着舒适、随意,保暖性较前者为好。

目前,使用较多的羽绒服面料为高支高密羽绒布和尼龙涂层等织物,对于面料要求紧密丰厚,平挺结实,耐磨拒污,防水抗风。各种全毛高支华达呢、哔叽相对比较高档,一般的高支高密卡其、涂层府绸、尼丝纺及各式条格印花织物都能选用,还可以用不同的面料进行拼接。

羽绒服的内囊用料以防羽府绸、卡其、尼龙绸为佳。羽绒服的内囊以羽绒、化纤絮片作为填充物,用得较多的有中空腈纶絮片,还有用涤纶短纤新型材料。羽绒做填充物的服装舒适,透气性好,缺点是容易"钻绒",洗涤后没有蓬松感,保暖性会差。化纤填充物不会钻出织物,不易受潮,洗涤后不会像羽绒一样瘪下去,且容易干燥。此类填充物对织物面料无特殊要求,普通织物诸如织花、印花布、线呢等均能使用。

(15)滑雪衣:滑雪衣的款式设计主要考虑运动者手臂活动幅度较大,腰部便于回旋等,对材料要求有防水性、防风性及保温性。常用的滑雪衣一般使用密度高的尼龙绸作面料,较稀薄的尼龙绸作里料,涤纶、腈纶或丙纶絮片作絮料的服装。其絮料保暖好,回潮率低,防虫蛀,弹性好,不易板结,易洗快干,这类服装适合在冬季气候潮湿的地区穿着。

(16)皮革服:指采用天然优质牛皮革、绵羊皮革、山羊革、猪皮革等制成的服装。皮革服装的种类分为内衣、外衣两大类。内衣有皮衬衫、皮背心等品种;外衣有长褛(褛为衣襟开口)、中褛、短褛、猎装、夹克、皮裤等品种。

市场上常见的皮革服装以羊皮革为面料的最多,其次是猪皮革。服装革有全粒面和绒面两类,且以全粒面服装革更普遍。对于作为服装面料的皮革,总体要求是质地丰满、柔软、有一定的弹性,延伸性适当,不褪色。对于全粒面服装革,其粒面应滑爽细致,涂层具有一定的防水性,对于绒面服装革,绒毛应细致、均匀,并有一定的丝光感,其耐光性和防水性也应较好。

绵羊革服装一般采用全粒面革,其特点是粒面平细、柔软舒适,有海绵泡沫感,属上乘皮革服装面料,但绵羊服装革坚牢度较差,粒面不耐刮划。山羊革服装多数也为全粒面革,其牢度较好,穿着舒适,美观耐用,但与绵羊革服装相比,其柔软舒适程度略差,并且外观不如绵羊革服装美观。猪皮革服装有全粒面的也有绒面的,其特点是粒面较粗,丰满性、弹性和柔软性较差,坚牢度和山羊革服装相近,但比绵羊革服装高,猪皮服装属中低档皮革服装面料。牛皮革服装多为全粒面革面为主,其特点是粒面平细,弹性较好,小牛皮服装革质量优于大牛皮服装革,价格也相应比较高。

目前,为表现另一种独特的时尚,有采用仿旧服装革制成服装。仿旧服装革是将皮革加工成陈旧状态,如涂饰层显颜色和厚薄均匀,甚至有的涂饰层可以部分脱落。有的仿旧革需用砂纸不均匀地打磨,就像石磨蓝牛仔布一样,以追求其做旧的效果。仿古服装革往往涂饰成底色浅、面色深而不匀的云雾状,看上去有出土之物的色彩。这两种革仅是在外表进行改造,使其风格异化,但服装革的内在性能不变。

羊皮革、牛皮革、猪皮革都可以作表面外观处理而不改变其的"本质"的仿旧、仿古改造。

(二)服装面料的色彩搭配设计

色彩是服装的重要组成部分。相同款式、面料的服装,如果采用不同色彩,会产生不同的感觉效果。因此,如果只有好的面料和款式而没有适宜的色彩,就不能构成好的服装。用一般的面料、款式,如果配色得当,便会给服装增色不少。

1.服装面料的色彩对比。色彩只有在与其他色彩的对比中才能体现它的美和价值。一种色彩,在没有参照物对比时,谈不上漂亮与否,只能是"单调"。服装的色彩是与人与环境的色彩相比较而产生美的视觉效果。服装色彩的对比是绝对的,而服装色彩在对比中发生视觉效果变化是相对存在的。人的视觉也是通过色彩的差别来识别色彩,进而感受它的情感。用对比的方法来设计服装色彩的协调配合,探讨不同对比的服装色彩对美感效果的论述。

色彩的差别虽然千变万化,但应按照同一属性来比较,不能用各种不同属性来对比,因为属性不同,对比效果会各异。任何属性的对比都不能用另一种属性对比来替代。同时,色彩对比的千变万化,形成了色彩情感效果的千变万化、各具特色,这是对比的特殊性。服装色彩对比的研究重点就在于研究色彩对比的特殊性,认识对比色彩的特殊个性,进而创造具有独特效果的服装色彩。

(1)色相对比:

①同种色相对比:是一种色相的不同明度与不同纯度的比较。这种服装色彩的对比效果主要依靠明度来支撑对比差别,总体表现呆板、单调,但色调感强,表现为一种静态、含蓄的美感,是中老年服装常用的色彩组合。

②邻近色相对比:这种色彩的服装色相单纯,对比差小,效果和谐、高雅、素静,但易单调、平淡、模糊,所以必须调节明度差来加强效果,它也是中年妇女欢迎的服装色彩组合之一。

③类似色相对比:较前述两种对比有较明显的改善,色彩效果较丰富,既能弥补同类色相对比的不足,又能保持统一和谐、单纯、雅致、耐看等特点,是中年妇女欢迎的服装色彩组合。

以上三种对比使用在服装上,均能保持较明显的服装色彩色相倾向与统一的色相情感特征,效果鲜明、醒目,它们都属于服装色相对比中对比差小的对比。

④中差色相对比:这种服装色彩组合效果具有较明快、热情、饱满的特点。它是使人兴奋、感兴趣的色相对比组合,是运动服装最适宜的服装色彩效果之一。

⑤对比色相:这种对比效果强烈、醒目、引人注目,使人兴奋,但容易造成视觉疲劳,不易统一,而易杂乱、刺激,倾向性复杂,不容易具有色相的主色调,视觉效应一般较差。应用于服装色彩组合需采用多种调和手段来改善对比效果。

⑥补色对比:补色对比的色相极端相对,效果明亮、强烈、眩目、富有刺激感,极有号召力。这种对比效果是时尚女性比较喜爱的服装色彩组合之一。

⑦无彩色零度对比:无彩色虽然无色相,但在实用方面很有价值。例如,黑与白、白与灰、黑与灰、深灰与浅灰、黑与白与灰、黑与中灰与浅灰等。这种服装色彩对比效果给人的感觉是大方、庄重、高雅而又富有现代感,但也易产生单调感。这种配色类型,不管年轻、年老、男性、女性都很适合,穿着覆盖面很广。

⑧无彩色与有彩色零度对比:这种服装色彩对比效果给人的感觉既大方又有一定的活泼感。例如,黑与红、白与紫、黑与白与红、白与灰与蓝等。如大面积为无彩色时,为较适合年龄稍大的人穿着的色彩组合;反之,大面积为有彩色时,则较适合青年人穿着。因此,这是一种覆盖面最广的大众配色方案。

⑨无彩色与同种色相零度对比:服装色彩对比效果综合了无彩色与有彩色对比、同种色相对比两个类型的优点,给人的感觉既有一定层次,又显大方、单纯,是深受大众欢迎的稳定配色类型,例如,白与蓝与浅蓝、黑与橙与咖啡等。

(2)纯度对比:色彩纯度高的鲜艳色,其色相明确,视觉引人注目,色相心理作用明显,是受活泼、热情的青少年欢迎的服装色彩组合,但长时间注视易引起视觉疲劳。色彩纯度低的灰色的色相含蓄,视觉兴奋少,能持久注视,是性格文静的人及中年妇女喜爱的服装色彩组合,但有平淡无奇、单调而易生厌的缺点。

用同明度、同色相条件下的纯度对比组织,其服装色彩效果柔和。纯度差越小,对比越弱,清晰度也越差。

纯度对比的另一特点是增强用色的鲜艳感,即增强色相的明确感。纯度对比越强,鲜艳色一方的色彩越鲜明,会增强服装配色的鲜艳、生动、注目及情感方面的倾向。

纯度对比时,往往会出现配色的粉、脏、灰、黑、闷、火、单调、软弱、含混等状况,这些都是服装配色时应该避免的问题。

在色彩属性的三种对比中,同样面积的色彩,纯度低的不如纯度高的色相对比、明度对比效果强烈,因此,服装面料的配色往往重视明度的对比效果。

(3)冷暖对比:因色彩冷暖差别而形成的色彩对比称为冷暖对比。服装面料冷暖对比的特点包括以下几点:服装色彩冷暖对比主要由色相因素决定,色相由于纯度和明度的改变,冷暖倾向会略有改变。服装色彩冷暖对比与色彩其他属性的对比有关。服装色彩冷暖对比将增强对比双方的色彩冷暖感,使冷色更冷,暖色更暖。冷暖对比越强,即对比双方冷暖差别越大,双方冷暖倾向越明确,刺激量越大;对比双方差别越小,双方冷暖倾向越不明确,但服装色彩总体色调的冷暖感会增强。

2.服装面料的色彩搭配。服装面料本身的材质、织纹、图案、色彩等基本元素构成了服装色彩的意象,并通过意象来传达服装色彩的形式感。

不同的面料有各自的特点,它们分别给人以独特的观感、手感、触感。例如,棉织物具有保暖、吸水、耐磨、耐洗的特性,有良好的皮肤触及感,感觉自然、朴实,色彩一般比较鲜艳。麻织物具有吸水、抗皱、稍带光泽的特性,有滑爽的手感,感觉凉爽、挺括,色彩一般比较深暗、含蓄。丝织物具有很好的吸湿性,光泽度好,手感细腻、柔软,感觉华丽、精致、高贵,色彩浓、淡、鲜、灰均宜。再生纤维等纤维织物具有柔软透气的特点,色彩鲜艳。合成纤维织具有耐磨、弹性好、防皱等特点,手感光滑,感觉挺括。化学纤维和天然纤维混纺的织物则兼有两者的优点,特别是众多的仿毛织物,柔软、挺括、保暖性好,色泽丰富,外观上极似毛纺织物。非织造材料中皮革和合成革占的比例较大,具有表面光亮、柔和、保暖性好等特性,感觉高贵、沉着,色泽偏暗。

当今的服装潮流以色彩的性格和面料的性格的和谐配置为特点,共同构成了当代时装的最新格调,颇具魅力。

着装美取决于人站立、静坐、行走时的人体与服装的和谐程度。人在活动时表现出来的服装曲线、曲面的均匀流畅,由面料的悬垂性而定,受面料的回弹性等力学因素的影响,也受面料色泽、纹样、织纹结构综合感觉影响。所以,一件完美的服装,其面料的选择是其成功的保证。

呢绒面料是秋冬季的服装面料,具有弹性好,保暖性强,平挺而不皱,经熨烫折线不变形的特点。根据面料的风格,男装选择硬挺度高的面料,女装则选用有丝绸感、柔软的面料。夏季服装面料选择,应注意织纹由平纹转为皱纹组织,力求悬垂性好,颜色要明快,由普通捻度转为大捻度,以求凉爽和薄的效果;有光泽、闪光感的织物是华丽服装面料的选择对象,以达到晶莹闪光的华丽效果。

目前,市场上的石磨类织物及起皱织物,感觉质朴、自然,有一种粗犷美的效果;丝绸、棉布、绢绸等软织物具有温柔的感觉;丝绒混纺、织锦缎等硬质地织物有挺括、稳重的感觉;凹凸织物有浮雕感、立体感;绒面织物的平绒、丝绒、人造毛皮、纯绒织物以及松捻粗棉线、提花、烂花等织物具有温文尔雅的感觉。不同的主题会选择不同的面料,表现不同的风格,其选择过程就是服装的设计过程。这说明在服装设计中包括服装的面料设计,是与灵感、意念同时产生于面料的选择过程中。

通过对服装面料的选择,例如,厚的深沉,薄的柔美,硬的挺拔,柔的飘逸,重的厚实温暖,轻的凉爽,用这些词语表达,再恰当地运用这些面料的"性格",就是很好的服装与面料的共同设计。因此,恰当地选择表现着装者个性的服装面料是服装设计成功的关键。如晚礼服要采用闪光织物,交际场合穿着的服装要选择挺括的织物,郊游用的服装选用松软、轻便的织物,都是成功运用服装面料来表达服装"语言"的案例。

(三)服装面料与配饰的搭配设计

服装配饰与服装面料的关系是局部与整体的关系。离开服装(面料)配饰是没有意义的,然而,点缀的服饰配件也不能随意与其他不相关主体搭配。点缀物要恰如其分地出现在应该出现的"配角"部位,使人充满青春的活力,生机盎然。在服装上配以饰品,会对服装的整个造型起到"画龙点睛"的作用。服、饰搭配完美,能反映出一个人的文化修养和审美水平,它是服装整体不可或缺的组成部分。

服饰配件有头饰、挂饰、腰饰、面饰、脚饰、颈饰、耳饰等,它们各有不同的用途,由此产生了各种不同材料的配件装饰品。如金、银、宝石制作的项链、手镯、耳环、戒指、胸花、别针等,还有用不同的纤维材料制作的发卡、纽扣、腰带、方巾、帽子、鲜花、绢花、提包、袜子、鞋、伞等。

由于服饰配件在服装中是"配角",所以它的色彩常是中性色或无彩色,体量上较小,起到点的效果。在使用这些装饰用的点缀时,一般采用统一融合的方法。如西方的婚礼服,则用白色的耳环、项链、手套、皮鞋、头饰,手里拿着白色的花束。这些点缀与白色婚礼装组合成一派冰清玉洁的色彩气氛相融合。另外,也可以使用面积悬殊的对比色配饰做点缀,起到呼应和关联的作用,或起到强调、分离、淡化的作用。服饰配件虽然是配角,但对整体服装效果却是不容忽视的。

现代服装中服饰丰富多变,其变化许多是通过服饰配件来实现的。如采用不对称的划分形式、斜线划分形式、交叉线划分形式、自由线划分形式、多种线组合形式都离不开运用服装的配件来组合。例如,服装配件方巾,在组合不对称线的划分形式中能起到举足轻重的作用。过去方巾仅用来包头、围颈,而现在可以成为全身服饰的装饰品;过去方巾只适用于秋、冬季,现在四季都用。方巾的用途广泛,款式多样,色彩艳丽。方巾用以包头可衬托脸容的艳美。方巾包头前倾时,脸部显得秀美;后倾时,瘦脸型显的宽阔。用方巾围颈,方巾色彩与服装的色彩形成对比,起到点缀作用。方巾斜向披肩时,可构成一种优美活泼的灵动感。方巾用来束腰,或扎在发髻上,或拿在手中,或系在背包上,都使人感到别致、清新。

用方巾制作服装大致是:2~3块方巾可制作一件上衣;3~4块方巾可制作一条裙子;13条方巾可缝制一套礼服。方巾的花纹图案变化,能产生意想不到的效果,这是普通面料花纹所不能达到的效果。方巾作为披肩时,可与裙子、上衣、裤子、帽子、鞋等搭配,尤其是当方巾和服装的质地不同时,更能产生一种别具一格的独特效果。

使用自由线划分形式时,装饰腰带是最突出的使用对象。通过腰带的对比或类似的手法,实现整体服装的和谐。如白色套裙,为了求得变化,可系一条色彩鲜艳的腰带;质地轻而薄的面料可搭配较细小精致的腰带。或以套装中的相同面料做腰环,可收到既变化又谐调的效果。装饰腰带的宽窄,可以改变人的腰部的不完美,如人的腰节偏低时,可用宽腰带;腰围粗的人适合用细腰带,而且腰带色彩要鲜艳;腹部丰满的人应选择两侧宽、前后细的曲线腰带,而且饰扣也要简单;腹部平坦的人可用两侧窄、前后宽的腰带;身材矮小的人,不适合用宽腰带,否则会产生横向延伸的感觉;高个子可选用宽腰带,可用重心下沉的三角形腰带,颜色也可采用对比色,强调上下分割。

二、服装辅料的应用设计

服装辅料是指除面料以外,构成完整服装所需的其他辅助用料,其是构成服装整体的重要材料。

辅料的功能性、服用性、装饰性、耐用性,与其加工、经济价值有关,可直接影响服装的结构、工艺、质量和价格,同时也影响服装的完美性、实用性及舒适性。对艺术设计而言,服装辅料有时也会成为艺术设计或服装设计的主体。本书主要介绍服装里料、服装衬料、填絮料、连接材料、线料与装饰材料等。具体包括里料、衬料、填料、线料、连接材料、装饰材料等。[①]

(一)服装里料

服装里料是服装的里层材料,俗称夹里布。服装里料主要是为了保持服装造型,也具有保护面料、方便穿脱的作用,同时增加了服装的保暖性。

1.里料的分类。服装里料的种类很多。按织物的原料可以分为天然纤维里料、化学纤维里料、混纺和交织里料。天然纤维里料通常有棉纤维里料与真丝里料两种。化学纤维里料通常有黏胶纤维里料、聚酯纤维里料、铜氨纤维里料、涤纶里料、锦纶里料等。混纺和交织里料通常为涤棉混纺或涤棉交织、黏棉交织里料等。

按织物组织可以分为机织里料、针织里料,而机织里料又可分为平纹、斜纹、缎纹及提花里料;按织物的染、印、后整理工艺,可以分为染色、印花、轧花、防水涂层、防静电等里料。

2.常用里料。

(1)羽纱:羽纱的经纱采用13.2tex的有光黏胶丝,纬纱为28tex的棉纱,采用二上一下经面斜纹组织织成。此外,还有纯棉羽绸、纯黏胶羽纱、上蜡羽绫等,它们的基本特性与羽纱类似,在

---

①濮微.服装面料与辅料[M].北京:中国纺织出版社,2015.

服装内里的使用情况基本相同。

羽纱正面光滑亮丽,反面黯淡无光,手感滑爽,吸湿、透气性能较好,比较厚实。但易缩易皱,尺寸稳定性差,缩水率约为6%。常用来做中厚毛料服装的夹里布、裤腰里布等。

(2)美丽绸:美丽绸是一种纯黏胶丝斜纹织物,经纬纱全部采用13.2tex的黏胶长丝。织物组织采用三上一下经面斜纹,其手感柔软滑爽,吸湿、透气性能较好。织物斜向纹路清晰富有光泽,但尺寸稳定性差,缩水率约5%。美丽绸常用作毛料服装的里料,品质稍优于羽纱。

(3)尼丝纺:尼丝纺以锦纶长丝为原料,采用平纹组织织制。可以进行漂白、染色、印花或涂层处理。尼丝纺轻、薄、软,手感光滑,耐磨性好,坚牢度高,常用作各类男女上衣、西装的夹里、西裤膝绸里等。

尼丝纺可以做面料,也可以做里料。它经化学涂层处理后,具有优良的耐水性,保暖性好,即可做运动装、羽绒衫、夹克的里料,也可作为面料使用。

(4)电力纺:电力纺是高档里料,它以桑蚕丝为原料以平纹组织织成。手感柔软光滑,轻薄亮丽、色泽自然。具有良好的吸湿与透气性能,但弹性差,易皱、易缩,缩水率约5%。电力纺常用作高档服装的里料,如西裤膝绸里、丝绸时装里料等。

(二)服装衬料

服装衬料主要包括衬布与衬垫两大类。

衬布通常是指用于服装某些部位,起衬托、完善服装造型或辅助服装加工的材料。衬料的运用既可以精简服装工艺,又可以使服装造型更趋完美、提高服装的穿着舒适性。衬布主要用于服装衣领、袖口、袋口、裙裤腰、衣边及西装胸部等部位。

衬布介于服装面料与面料之间、服装面料与里料之间或者直接应用于服装面料。衬料的作用主要是加强、加固服装局部部位;便于服装造型、定型与保型;增强服装的弹性与挺括感,改善服装的视觉风格;增加服装的厚实感、丰满感,提高服装的保暖性能;改善服装的悬垂性与手感,提高服装的舒适性等。

1.衬布的分类与应用。衬布按里料生产工艺分类,可以分为机织服装用衬、针织服装用衬。可在不同服装、不同部位上使用。衬布按服装类别可以分为外衣用衬、衬衫用衬、裙与裤用衬、西装用衬、领带用衬、鞋与帽用衬等。衬布按服装材料分类可以分为裘皮服装用衬、丝绸服装用衬。衬布按基布所采用的纤维材料可以分为棉衬、麻衬、动物毛衬与化学衬。

(1)棉衬、麻衬:棉衬采用较细棉纱织成本白棉布,加浆料的衬为棉硬衬、不加浆料的衬为棉软衬。棉软衬手感柔软,用于过面、裤腰或与其他衬搭配使用,以适宜服装各部位用衬软硬和厚薄变化的要求。麻衬采用麻或麻的混纺,用平纹组织织成。麻衬由于麻纤维刚度大,具有较好的弹性与硬挺度。常做普通衣料的衬布,如中山装等。

(2)动物毛衬类:毛衬经纱多采用棉或涤棉的混纺,纬纱多采用毛、化纤长丝或混纺纱。动物毛衬按基布的重量可以分为超薄型、轻薄型、中厚型和超厚型四种。超薄型的基布重量在155g/m²以下,轻薄型的基布重量在156～195g/m²之间,中厚型的基布重量在196～230g/m²之间,超厚型的基布重量在230g/m²以上。

动物毛衬一般用于中厚型面料的西装、大衣的驳头衬、胸衬等。按使用部位可分为半胸衬、全胸衬、肩衬、袖窿衬。

动物毛衬按基布的纤维材质可以分为黑炭衬、类炭衬、马尾衬等。经纱多采用棉纱或涤棉混纺纱,纬纱则为毛、混纺、马尾或包芯马尾等。

（3）化学衬：

①树脂衬：树脂衬是以纯棉、棉混纺或化纤纱线为原料，以平纹组织织制，经漂白或染色整理后浸轧树脂而成。树脂衬主要用于衬衫、外衣、大衣、风衣、西裤等服装的前身、衣领、门襟、袖口、裤腰等部位。

树脂衬的弹性与硬度均较好，但由于硬挺度过高，导致着装时易产生不适感，同时树脂衬存在甲醛公害与吸氯泛黄的缺点，近些年来已经逐步被黏合衬所替代，而更多的应用于钱包、卡包之类的制作中。

②黏合衬：黏合衬按基布种类可以分为机织黏合衬、针织黏合衬和非织造布黏合衬；按热熔胶的类别可以分为聚酰胺黏合衬、聚乙烯黏合衬、聚酯黏合衬等；按热熔胶涂层方式可以分为粉点黏合衬、浆点黏合衬、双点黏合衬和撒粉黏合衬。

基布：基布按织造方法可以分为机织、针织与非织造三种：一是机织基布一般采用中等线密度的棉纱为经纬纱，采用平纹或斜纹组织织制，经纬密度相近，织物较疏松，便于起绒整理及热熔胶的浸润。经硬挺整理的基布挺括而有弹性，不皱不缩；经柔软整理的基布，手感柔软，悬垂性好；二是针织基布又分为经编针织基布和纬编针织基布两种：经编基布以衬纬经编织物为主，多为薄型织物，该种基布纵向悬垂性好、纬向弹性好，重量轻，手感柔软，有较好的尺寸稳定性，多用作外衣前身衬布。纬编基布由锦纶长丝编织而成，织物弹性好，手感柔软，多用于针织服装或轻薄型面料的服装衬布；三是非织造布基布按重量可以分为薄型、中厚型、厚型；按非织造布中纤维排列形态可以分为定向和非定向；按纤维网加工方式可以分为化学黏合法、针刺法、热轧法、缝编法。非织造布重量轻、弹性好、透气性好，价格实惠，裁剪、缝纫简便，是黏合衬的主要基布之一。

热熔胶:热熔胶的性能主要包括热性能、黏合牢度和耐洗性能。热性能即熔融温度和黏度,它决定着黏合衬的压烫条件;黏合牢度和耐洗性能决定了黏合衬的耐水洗、耐干性性能。

涂层方式:常见的热熔胶涂布方式主要有撒粉法、粉点法、浆点法、双点法。

2.衬垫材料。衬垫材料主要是指肩垫,它是用于肩部的衬垫,也称垫肩、攀丁。1978年,法国大师圣·洛朗提出了宽肩的美感,肩垫由此开始市场化。现在欧美、中国香港的成衣几乎都有肩垫。

(1)肩垫的种类:

①肩垫按作用分类:①功能型肩垫:又被称为缺陷弥补性肩垫。人体的肩关节略前突,为减轻这种前突感,服装设计中常选用薄(厚度约3~5mm)而手感良好的圆弧形肩垫来进行补足。功能型肩垫主要适用于休闲类服装;②修饰型肩垫:是用来对人体肩部进行修饰或彰显服装风格的一种服装辅料。它的款式繁多、造型各异,主要适用于正装、时装等。

②肩垫按成型方式分类:①热塑型肩垫是利用模具成型和熔胶黏合技术制作而成,广泛适用于各类服装。对于薄型面料时装来说,高级热塑型肩垫更是不可或缺的辅料;②缝合型肩垫是利用拼缝机及高头车等设备将不同原材料拼合而成。它的款式较多,厚实而有弹性,耐洗、耐压烫、尺寸稳定、经久耐用,相对热塑型肩垫,它的表面光洁度较差,多使用于厚型面料服装;③切割型肩垫是采用切割设备将特定的原材料(海绵)进行切割而制成;但由于海绵肩垫的固有缺陷(易变形、易变色等),该类型的肩垫已基本被淘汰。

③肩垫按使用材质分类:一是海绵肩垫是早期肩垫产品,主要缺点是易变形、易氧化变色,优点是价廉,主要适用于低档服装;二是喷胶棉肩垫也属于早期产品,主要缺点是弹性差、易变

形、外观粗劣,优点是价廉,主要适用于低档服装;三是无纺布肩垫是纤维制品,产品款式丰富、外观漂亮、弹性良好、款型稳定、耐用、价格适中,适用于各类服装;最后是棉花肩垫不能单独成型,须与无纺布配合车缝成型。其产品弹性良好、耐用,缺点是表面不光洁、成型效果较差、易起泡,价格较高。

(2)肩垫的选用:肩垫应根据服装的款式特点和服用性能的要求进行选用。平肩服装应选用齐头肩垫;插肩一般选用圆头肩垫;厚重面料应选用尺寸较大的肩垫;轻薄面料应选用尺寸较小的肩垫;西服大衣应选用缝合型肩垫;时装、插肩袖服装、风衣应选用热塑型肩垫。

(三)扣紧材料

服装材料中的扣紧材料主要包括纽扣、拉链、绳带。

1.纽扣。纽扣在服装的运用中,一方面具有传统的联结功能,另一方面也具有装饰功能,其色彩、材质、造型以及在服装上的位置是服装设计所要考虑的重要因素。

(1)纽扣的分类:纽扣按材质可分为合成材料纽扣、金属材料纽扣、天然材料纽扣、复合材料纽扣等。

(2)纽扣的选择与应用:纽扣的选配要综合考虑纽扣的色彩、造型、材质及位置。通常来讲,纽扣的颜色应与面料颜色协调,或统一,或呼应,或对比。纽扣的造型应与服装的款式造型协调。纽扣的材质与轻重应与面料厚薄、轻重相配伍。纽扣的大小应主次有序,且与纽眼配伍。纽扣的位置也可以依据创意的设计进行选择。

2.拉链。拉链常用于服装开口部位的扣合,近些年也常用来作为装饰材料。拉链既可以简化服装的加工工艺,方便实用,又可以作为创意设计的材料,在服装设计中应用广泛。

(1)拉链的分类:拉链按适用功能可以分为开尾型、闭尾型、双向拉链和隐形拉链四类。

①开尾型拉链:即两拉链布可以完全分离的拉链。使用时须将插针插入拉头及针盒中,便可拉合靠口。适用于夹克等外套前衣襟。双头拉链是开尾拉链的特殊形式,两端均装有插针、拉头及针盒,可由任何一端或两端同时开合。

②闭尾型拉链:常见于拉链两布带下端以尾止衔接,另一端为分离式。如用于裤、裙门襟等。双头闭尾型拉链上、下两端均以头止衔接两布带,成为封闭开口式的拉链。如用于腰部紧合的衣袋、口袋、皮包等。

③隐形拉链:即拉合后不露拉链齿带,仅露出拉头的拉链,常用于裙装、裤子等。

(2)拉链的设计:近些年来,拉链除满足功能方面的设计外,越来越注重外形设计,外形趋向美观、时尚,具有艺术感。

(3)拉链的应用设计:

①细节应用效果:拉链可以用于服装的门襟、袖口等细部。

②整体应用效果:拉链在服装设计中具有重要的作用,除去功能性外,对于服装整体外观的视觉效果也具有点缀作用。

(四)其他辅料

1.服装填充料。服装填充料是在面料与里料之间的填充材料。服装填充料的作用是保暖、改变服装的体积感及其他特殊功能。

服装填充料的主要品种是絮类填充料,如棉花、丝绵、动物绒毛、羽绒等。填充料的材料还有化纤絮、太空棉、远红外棉、泡沫塑料、混合絮料、特殊功能絮料等。

服装填充料选配时要综合考虑服装造型和服用性能,要求穿着轻、暖、便于保养,并充分考虑与面料、里料的匹配。

2.缝纫线。缝纫线是用于连接服装各个部位裁片的线类材料,分为缝纫机缝合线与手工缝合线,有天然纤维和化学纤维为原料的各种缝纫线。缝纫线是最终完成服装制品必要的材料。

缝纫线的主要品种有棉线、丝线、涤纶线、涤棉线、绵纶线、金银线(金银丝)、特种缝纫线等。特种缝纫线与一般缝纫线不同,它具有特殊功能,如弹力缝纫线、透明缝纫线等。

缝纫线的选配要与衣料质地、颜色、性能、服装用途相匹配,并且还要考虑缝针、缝合部位与缝合厚度、缝合方法等。

3.装饰材料及其他。服装装饰材料是对服装起到装饰与点缀作用的材料,常用的服饰材料有花边、缎带、镶缀材料等。

(1)花边(又称蕾丝):是用于内衣、时装、礼服、童装及装饰织物的嵌条和镶边,具有花纹图案的织物。

(2)缎带:是用缎纹组织织制的装饰类织物,用于服装镶边、滚边、礼品包装等。

(3)镶缀材料:包括珠子、钻饰、亮片、塑料饰物、动物羽毛等。

这些材料用线缝合镶嵌在服装不同部位上,特别是用在礼服上,在光的照射下闪闪烁烁,装饰感极强。其他服装辅料还有松紧带、绳带、商标、洗涤标及包装材料等。

第三节　服装材料的再造设计

服装、服饰的设计与时尚流行趋势存在必然的内在联系,因此,要使大量专业化设备生产的成衣,成为大众时尚的"亮点"。在使用材料时,除了考虑其具有特定的功能、技术要求外,还必须考虑材料本身独特的设计表现力。从当今时尚领域的发展趋势来看,服装的"亮丽"与否,与其所使用材料的时尚性相关。材料的时尚性正逐渐成为服装设计的重要因素。

随着时代的进步,人们对穿着的要求在不断提高,服装个性的需求也越来越多,将服装材料的创新与服装款式设计相融合,能够较好地满足人们对个体个性的需求。所以,材料的变革与改造将成为未来服装设计发展的重要基础。不同款式的时装需要采用不同的再造创意材料,以表现出不同人群的时尚"语言"。

一、服装材料再造设计的概念

服装材料再造是以材料特性为研究重点,以常规材料为研究基础,用视觉和触觉的有序辨识力,来认识改造后的服装材料那种全新的美。它融汇了艺术与技术,并将材料设计于时尚流行之间,从而使服装材料的再创造成为服饰设计拥有独特魅力的创新点。

从近年的流行趋势中我们看到,材料作为服装的载体,在服装设计中起着越来越重要的作用。服装在造型设计中运用材料再造是对材料的二次设计、制作。为了实现特定的设计表现效果,除了常规设计外,还将运用多种设计手段和制作工艺对成品材料进行再次加工,来改变材料的原有外观,塑造出具有强烈个性特色的外观形态。

在此,我们对材料再造与服装造型关系进行探讨,是为了让我们深入理解和掌握服装材料的特性及其对服装的影响,从而合理地选择、灵活地使用各种材料,通过艺术创作实践,更好地来表达多种服装造型的设计语言。

(一)服装材料再造设计概述

服装材料再造设计,是对服装材料的第二次设计,是再次运用设计的手段对基础材料进行新的改造。首先,服装材料再造设计是根据设计者的审美或设计需求,对服装材料进行改造设计。在此过程中,设计者赋予传统织物新的印象和内涵,重塑材料的视觉、触觉效果,进一步拓展材料的表现力。其次,按技术加工要求,根据设计者对现有的材料或纤维材料进行加工改造,即对材料运用轧褶、衲缝、镂空、机绣、贴布、钩针、编织等特殊工艺手法加工,使其产生新的视觉效果和独特的艺术魅力。

1.服装材料再造设计的作用。目前,服装材料再造设计,不仅是国际时尚的主流方向,而且也已经形成世界材料发展的一种趋势。它使高度商业化和工业化的服装设计变得更加富有个性并充满原创性,使服装风格转换,提高了服装的附加值,深化了服装产品的文化内涵。

服装材料再造设计,是以原有的材料设计为基础,根据实时的材料流行趋势,在行业认可的服装材料使用范围内,利用抽丝、褶皱、手绘、镂空等再造方法改造材料的肌理和色彩,使其产生新的艺术效果,使普通的材料具有特别的表现力,为服装的创意设计提供更多"路径"。当下,服装材料再造设计已成为现代服装设计的常用手法之一,广泛地应用于时装、高级成衣、服饰配件的设计元素中。

按国际品牌的视角审视,从香奈儿到迪奥,到约翰·加利亚诺,再到安娜·苏,材料再造的设计手法已经被应用于几乎所有的一线品牌,并在服装上展现出惊人的效果,同时受到越来越多时尚推崇者的高度认可。例如,世界顶级服装设计师三宅一生著名的标志性设计"一生褶"就体现了材料再造创意的无限魅力,材料再造设计使他的作品简洁中蕴含着丰富,达到艺术与实用完美交汇的境界。

在国内,通过对服装材料再造的设计,也成就了大批新锐设计师,他们设计的作品让人耳目一新。例如,在"汉帛杯""新人奖"等国内知名的服装比赛中,就设置了"最佳材料再造效果奖",以此表示业内人士对材料再造设计创新的高度重视。这些比赛中的材料再造设计获奖作品犹如一件件艺术珍品,给人们展现了无限的遐想空间,同时也激发服装设计者的灵感与创作的热情。

2.服装材料再造设计的特点。

(1)艺术性:服装材料再造设计具有较强的艺术性,它通过材料、造型、色彩、构成等形式来表达丰富多彩的形式美。同时,也运用艺术元素反映社会生活和表达设计者们独特的思想感情,并以此来表现设计的审美意境、凸显潮流趋势。因此,我们认为再造的服装材料本身就是艺术品,它的设计语言独特、鲜明,设计手法多样、灵活,感染力强,是一种能够有效表达设计思想的艺术语言。

(2)技术性:服装材料再造设计,须有较强的技术性作基础,这是服装材料再造成功的必要条件。为此,我们首先要掌握各种材料的性能,并能分析材料的特点,再选择适合具体材料再造的方法,这就需要熟悉材料改造的各种工艺,并能实践操作。

(3)功能性:我们在做服装材料再造设计时,同时要考虑它的功能性,这是人们对服装的基本要求之一。因此,在服装材料再造设计中,不仅要考虑它的肌理、层次、色泽所产生的美感,还应当考虑耐用性、便利性以及与人体的结合舒适程度及健康性。

(4)商业性:这是服装材料再造设计的基点,它是为满足市场对服装个体个性的需求。消费者的需求,才是材料设计的终极目标。因此,材料再造的商业性,是服装材料再造设计时需要重视的环节。

(二)服装材料再造需重视的相关关系

1.材料再造与材料。由多种材料组合的再造材料的特殊表现力的完美表现,需要整合多种不同材料进行材料再造,使服装所表达的感觉既丰富又立体,可以这么说,材料再造与材料是直接相关的。

2.材料再造与服装设计。服装设计在材料应用上的再创造，是推动设计领域不断推陈出新的路径之一。在服装设计时要同步思考材料的设计，在设计材料时，也要同步考虑影响服装款式设计的元素，让两者有机地融合在一起，才能再造出适合服装需求的材料。

3.材料再造的着眼点。首先要将生产、流通领域的需求与纺织服饰产业发展联系起来思考，要将设计新思维与传统设计观念统一起来衡量材料的设计水准，这也是当前设计界需要重视的关键点。

二、材料再造的设计与表现

服装材料再造设计是需要综合多种因素进行创造性设计。这需要从小细节着手，从小的局部设计做起，并进行设计思维训练，在调查研究消费者对于材料需求的基础上，拓展我们设计思维的空间。

(一)材料再造的灵感

在服装材料再造设计中，有许多灵感是突发的、模糊的，是凭借直觉而进行的顿悟性的思维。我们可以将零散的灵感或想法逐一记录下来，在此基础上，不断地再思考，然后进行归纳整理、整合形成材料再造设计系统性的设计思想，这是激发我们设计的最初诱因。

灵感是材料再造设计的起点，其捕捉和想象的发挥能孕育优秀的设计理念。我们应凭借灵感去构思，发现生活中的美，学会留心和关注那些往往被我们忽视或熟视无睹的事物，去发挥我们的想象力，从大自然、传统文化、历代服装、姐妹艺术、科技领域、日常生活中寻找灵感和设计的来源。例如，自然界色彩肌理的启迪、对中国传统文化的理解、绘画艺术的色彩线条、肌理结构的共鸣、书法笔墨章法的神采内涵、建筑造型空间的韵律美、音乐的节奏旋律、舞蹈的形态协调、摄影的色彩色调、民间艺术的古朴典雅都可以给人无限的设计灵感。灵感型设计思维灵活性强,应用面广,所以要充分挖掘设计潜能,提高思维水平,来满足我们需要的独创性设计。

灵感,是无意识中突然兴起的神妙思维想象,是因情绪或景物所引起的创作激情。然而,"得之顷刻,积之平日",就像服装想表达自然朴素的风格,材质则多为棉、麻材料;浪漫风格的大多是薄而透明的纱、蕾丝、花边材质;前卫风格的则增加金属、塑料等非纺织材料。这种看似突如其来,但绝非偶然孤立的联想,是创造者在某个领域长期积累知识的过程中而闪现的领悟。

设计源于灵感,灵感源于借鉴,其在艺术创作中具有非凡的意义。从构思的确立、风格的展现、设计的创意都因灵感而生,因此,材料再创造活动的开端也是由于灵感而发生。

1.自然世界。人类"日出而作,日落而息",自然界中的每一处景象都是设计者的灵感源泉。可以说,材料最初的设计构想就来源于自然界的动物和植物提供的视觉、触觉造型等元素。自然界的各种生物给予了人类源源不断的灵感与启示——日月星辰、雨雪露霜、岩石沙砾、动物毛羽、自然植皮、海洋生物等都是我们最初的灵感源。长期以来,来自大自然的灵感渐渐地反映在服饰设计中,因而产生了极其美妙的效果。

2.姐妹艺术。绘画、音乐、舞蹈、戏剧、雕塑、建筑、电影、摄影、装置艺术等都具有丰富的内涵,并且都有各自的表现形式。线条与节奏、抽象与旋律、空间与立体、平面与距离、声音与影像、齐整与错落等,无一不是材料再造的主要灵感来源之一。例如,日本服装设计师三宅一生的服装设计灵感曾来自雕塑,他用定型技术将织物塑成各种造型,此类服装设计还一度引导了服装设计的潮流。其实,他们的成功并非意外,从某种角度来说,把他们引向成功的是他们把姐妹艺术运用到了极致。当吸取某种艺术形态的表现手法,准确和谐地应用到实践活动中去,其意外效果就会应运而生。

3.民族传统。世界上每个民族都拥有自己独特的文化。而人类的好奇心促使我们对其他民族的文化产生浓厚的兴趣,这样各民族之间才有心灵上的沟通及文化上的渗透。所以在服装材料设计中借鉴民族服饰的作品屡见不鲜,传统的民族服装为材料的创新带来了创作的源泉。例如,中国的苗族、景颇族的银饰、非洲土著民族的草编质感服装以及面、体、肌肤的文身等,都受到了设计者们的钟爱。

4.科技发展。借助新颖的纤维材料和相关的技术手段,来改造材料的表面效果,这是设计者努力的方向。从涂层材料的出现到被广泛地应用于其他领域;从卷土重来的漆皮制服饰品,到材料表面强烈的反光效果与醇厚浓烈的色泽的表现,与棉、麻等亚光材料表面的粗犷风格产生了强烈反差等,都蕴含了科技内涵发展的成果。

5.日常生活积累。在色彩缤纷、包罗万象的日常景象中,到处存在着设计灵感的来源。如旧墙上的斑驳纹样、树木中的年轮肌理、纸张的揉团效果、网绳的交错曲线、风起云涌以及电闪雷鸣的自然现象等。只要用心观察,我们就能捕捉到生活中任何一个可以激发灵感的闪光点。

只要设计者把握相关的灵感源,那么设计构思就会源源不断,然后确立设计方向,进一步实践应用会获得良好的效果。当然并非每一种灵感源都能发展成设计现实,创造性活动需要对众多可用灵感进行一定程度的重组、取舍、开发和运用,只有这样,设计灵感就会慢慢地应约而来,深入性的工作方案才能逐步地推行进展,直到再创造活动逐步完成。

(二)材料再造设计的表现

材料设计方法,常用的有印染、刺绣、编织等,而最能体现设计者创造力的是采用恰当的方法对已有材料进行"二次艺术加工"。对材料二次艺术加工的基本思路是将材料的肌理、性能、纹样等元素打散、解构、再重组,形成新的肌理、肌理对比及重新造型。在实际运用中,材料再造的创作方法大致可以归结为加法、减法、变形法及综合法四种。

运用这四种方法进行材料再造,首先要了解材料再造所用材料的结构、品种、性能、风格、特征、肌理、可改造的"空间"。其次,要掌握传统的棉、麻、毛、丝等天然纤维材料和化学纤维材料的服用性能,同时,还要注意运用技术手段和运用其他材料对材料加以改造,可能会产生令人意想不到的效果。例如,树脂、涂层、陶瓷、金属、泡沫等新材料的质感、光泽、硬度、韧性、颜色、触觉等特点对再造效果的影响需要我们去一一实践。我们根据设计需要进行选材,将材料性能与材料再造设计的应用需求相结合,这样才能最大限度地设计出适宜人体需要的服装。

十几年前"兄弟杯"的获奖作品《青铜时代》是材料再造的经典作品,经手工处理的祥云纱褶呈现在全国美展服装展中,多件获奖作品都将材料化平凡为神奇。这是由摸索尝试发展到感观的震撼,这是由材料性能的改善带来的服装设计理念的革命。服装材料再造设计从材料的原始再造到复合再造,再到外观再造,直到发展为现代设计再造,即有了主题的设计再造。例如,从羽绒服材料的原始填充式,到薄型材料复合在厚型材料上形成融合两种材料性能的新式材料,再到通过在材料上堆砌折叠、镂空、缝制图案的装饰材料进行外观再造,最后才发展成为一个新的羽绒服材料设计。服装材料再造的核心是注重材料肌理、服装造型和人体关系的人文设计,并融合了现代材料特性和高科技的工艺技法,使肌理形式进行了丰富地变化,从而使服装充满了材料再造设计的生命力。在这里,技法创新是关键。例如,廉价的材料经过三宅一生的处理成为奢侈品,并有着高级时装的昂贵价格。这便凸显出了技法创新的重要性。

服装材料再造设计主要是运用增加、减少、变形与解构等综合方法对原有材料进行艺术加工,形成装饰肌理,给人特殊的视觉效果。

(三)影响服装材料再造设计的因素

由于服装材料再造的手法多种多样,设计者可以根据需求,运用不同的手法对材料进行再造,创造出特定风格的服装造型设计作品。

服装用材料第一次成型经过了坯布—烧毛—煮炼—漂白—染色(或印花)—整理—成品这一系列的工艺流程。在此基础上,可以进行其他的材料再造。例如,用两种或两种以上的材料进行物理复合再造,以形成另一种新型材料。在材料上堆砌、做褶、拉须、折叠、镂空、缝制各种艺术图案,并用珠片、闪亮饰片、金属管等对原有材料进行创造性地再加工,使材料的性能和外观发生变化,同时,使其风格与服装造型有机地融合在一起。

要成功地完成材料的第二次再造,需要掌握好其基本要素。

1.服装材料的运用。服装材料是服装材料再造的第一要素。因为不同的材料具有不同的特性,所以首先要对材料进行合理的再次设计,而这关键是要把握好决定材料的类别、特性等因素。如材料由不同种类的纤维混纺(或同种纤维的纺纱)构成,它们的肌理、结构及物理、化学性质所表现出的视觉效果是有差异的。同材质、同肌理,不同的工艺手法对材料地再造,与不同材质、不同肌理,不同工艺手法对材料地再造,会出现两种风格截然不同的感觉。服装材料为材料再造创新提供了载体基础,材料再造又升华了服装材料的艺术设计要素。不过,新型材料在材料再造创新运用中还需要进一步的实践。

2.服装材料的空间效果。服装材料的空间效果也是服装材料再造的重要视觉效果之一。服装材料的再次加工经常是将材料的二维形态转化为三维形态。加工前,须对材料构成及各种材料组合后的立体效果进行研究,采用适当的处理方法,以满足设计要求的空间效果。如对材料堆砌、褶皱等所呈现的立体效果常常是令人称奇的。

3.服装材料的处理技法。要想使服装材料最终达到服装设计者所希望的效果,掌握材料二次设计的手法是至关重要的。材料二次设计的处理技法繁多,主要有镂空、剪切、抽纱、披挂、层叠、堆砌、挤压、撕扯、刮擦、烧烙、粘贴、拼凑、编织、绣缀、手绘等。

4.服装材料再造的色彩。要想在服装材料再造中恰如其分地对色彩进行应用,首先要熟悉色彩、色相、明度、纯度的基本属性及它们之间的相互关系。对色彩的运用,通常是以单色系或者是多色系综合的色彩应用。

单色系是以服装的基础材料进行的材料再造,或者通过添加同色系的其他手法进行再造。单色系的色彩应用,在色彩上的表现难免会较为单一,但同时此材料再造的作品不会给人视觉上的混乱。

多色系,通常是将多种颜色、多种属性色彩相互进行融合。服装材料再造的多色系应用可以表现在类似色和对比色上。类似色的色彩比较柔和,表现的材料再造肌理较为活泼,不拘谨,比较有内涵,还可增加材料再造的层次感。对比色的配色难度稍大一些。因为一旦运用不当,很容易使材料再造的肌理与服装产生无序的感觉,但如能掌握得当的话,此种处理更能突出、强调服装风格。因此,无论用哪一种配色方式,设计师都需要精心设计思

123

考,其设计重点是如何强调、突出材料再造在服装的风格中的应用。

5.材料再造的方法。材料再造的方法一般都是靠手工或半机械化工艺来完成。根据服装设计总体的要求,采用不同的手法,使用可以使材料再造呈现出不同的肌理效果,来满足设计的不同要求。材料再造的方法种类繁多,我们将着重介绍下面的五种方法。

(1)材料再造的加法处理:材料再造的加法处理应用在服装设计上表现为增型效果,通过缝、绣、钉、贴、挂、黏合、热压等各种装饰手法在现有材质的基础上设计添加肌理,运用物理和化学的方法改变材料原有的形态,从而改变服装原有的视觉和触觉效果。它可以使材料形成立体(如浮雕)的肌理效果,也可让现有材料经过改造呈现出繁复多变的质感效果,从而为服装设计拓展更多的创意空间提供了可能。

(2)材料再造的减法处理:从制作工艺来看,各种材料都可以使用减法进行再造,也可称为破坏性设计。使用较多的是在基础牛仔材料上,利用抽纱、镂空、烧烙、撕、磨、腐蚀等手工方法,或者水洗、石磨、漂染、喷砂等后整理工业技术,去除材料的部分材料或者破坏局部材料,使原本完整的材料注入一种看似"破坏"的效果,使再造材料产生一种独特的残缺美的设计方法。

服装材料的破坏性设计主要采用挖花、剪花、镂空、激光等方法对材料整体进行破坏设计;对皮、毛、布等进行切割,产生有规则、整体性的破坏;用手撕的方法使材料产生随意的肌理效果;将底布的经线或纬线抽纱后加以连缀、形成透空的空洞花纹;针对材料的物理性能,经过化学腐蚀产生缩绒、起球、变色等现象;利用水洗、砂洗、磨毛等手段,使材料产生磨旧的艺术风格。

（3）材料再造的变形、扭曲处理：变形法再造是指从基础材料上将整块材料进行折缝、缩缝、扎结、填充、缠绕、热压、物理变形等处理，使其形态和造型发生变化，产生规则或不规则的立体造型、浮雕感造型的设计方法。变形设计一般不增加和减少材料使用。变形法包括双层、多层材料用多种方法折叠；对材质加以外力使其变形、拉伸或挤压形成人工卷花、立体布纹等。服装材料再造的工艺技法具有一定的经验性，要考虑材料的性能和加工方法所能起到的作用，因材施技。不同材料的不同加工工艺，如折叠、凿钻、剪切、烧烫、拼贴、镶嵌、拧绞等，不断创新技法，注重综合性、特殊性、可操作性的工艺手法。

其他变形法也可以将材料和另一类材料之间加入填充物后进行均匀绗缝或者有选择地在图案部位进行缉线；根据不同类别纤维的不同性质进行抽纱、物理变形等处理使之产生卷花效果；利用抽褶、缩缝处理，将材料进行单向或多向的抽缩、缝缩，产生各种褶皱的视觉平面效果或立体效果。

服装材料的变形设计，最具代表性的是通过物理外力的作用对材料进行挤压或拉伸，使其形态发生变形，产生自然立体的多种褶皱立体造型。

（4）材料再造的组合、拼编处理：材料的组合法再造是指相同或不同的服装材料通过钩、织、编、拼缝、叠加、堆积等方法，使原本的材料或材料发生从线到面、从面到立体的组合变化，从而实现材料的再造过程。

①叠加、堆积组合设计：将基础的牛仔材料与同种或多种材料进行反复重叠，使之形成丰富层次的叠加法；将一种或多种材料堆积、装饰在基础牛仔材料上，形成立体效果的堆积法等，也是牛仔服装材料再造中常用的一些组合方法。

②服装材料的钩、编、织设计：材料的钩、编、织设计是指采用纤维制成的线绳、带、花边通过编结、钩织等各种技巧，形成疏密、宽窄、连续、凹凸组合变化，直接获得一种肌理对比变化的美感材料。

(5)材料再造的综合处理：目前，服装材料再造技法中较多的是使用多种技法组合在一起，从而设计出各式各样的新颖的富有变化的再创材料。运用综合法的再造材料不仅有丰富的层次感、细节感，同时增加了不少的附加价值。未来材料及服装设计的发展趋势也是多种技法的综合应用。

材料的综合设计采用的技法有剪切和叠加、绣花和镂空等同时运用，使材料的表现力更丰富。目前，这种方法被设计师广泛应用，根据不同的服装设计要求，选择相应的材料二次设计方法。

三、材料再造与服装设计

服装流行模式具有周期性与反复性，但由于人们追求新颖创新的心理，因而不会满足服装一成不变的重复。对材料而言，材料再造设计的新颖与独特性成就了服装新的生命力，给服装的流行打下了基础，这就是变的"内涵"。服装设计师对材料进行二次改造以及对服装款式的设计，作为设计中的创意设计点，这两者需兼备，这是服装设计师所面临的新挑战。

(一)服装材料再造与形式美法则

服装材料的再造设计可以借鉴三大构成中的构成原理。根据"构成"的造型概念，可将不同形态、不同材质的元素重新组构成一个新的单元，也可以将材料分解为多个元素，进行打散、重组。我们需要灵活运用重复、渐变、对比、协调、对称等形式法则，以此创造出新的材料肌理效果。

1.对比与调和。当两个或两个以上的构成要素之间彼此在质与量的方面形成对比，同时又能够协调地融合，这可以称之为对比调和，它是几种元素共性与个性的融合。在材料设计中可以利用裁剪、钉缝和分割等方法处理材料；利用一些具象或抽象、大或小、明亮或暗淡、厚重或轻薄、粗或细、褶皱与光滑、透与不透的元素进行对比处理；或者利用镂空、燃烧、抽纱等破坏性手法，进行虚与实的对比处理；通过与其他材料的叠加，形成完整与残缺的处理；或者利用其他材质的珠片、羽毛、毛线、纽扣的添加，使之形成相对稳定的状态，达到统一的效果。

2. 比例与分割。比例是部分与部分、部分与全体之间的数量关系。服装材料的分割与比例设计，都要以人体自身的尺度为依据，根据人体活动的特征，将合理的分割运用在材料中，使人体的比例更加完美。比例分割的主要方法是对原有材料进行打散重组，将其分割成不同的个体，它可以为等分的元素或不相等的元素，并对该个体进行重组，在形与形的边缘可以通过刺绣、绗缝进行线迹的装饰，强化形与形之间的视觉效果。

3. 统一与变化。统一与变化是设计中重要的形式美法则之一，这是相对而言的。在运用过程中强化视觉构成要素的共性，减弱它们的差异性，来求统一；反之，以求变化。

在材料设计中，我们可以根据材料的材质、肌理、色彩的不同，运用各元素的形态变化构成新型材料。通过不同材料之间的差异与变化，来调节整体效果以达到统一与变化的和谐状态。例如，对设计元素较单一的材料，可利用材料进行加减法的处理，通过裁剪破形方法，使整块材料上形成自然卷曲或镂空的点状形态，同时以该元素做反复的重叠重组，并进行适当的形状、大小、色彩的改变，这样就能够在原有统一但略显单板的材料上产生丰富的视觉元素变化，使材料最终达到即具丰富性而又统一的和谐视觉美感，这是我们通过材料改造以求达到的效果。

4.节奏与韵律。节奏与韵律原本指音乐中的变化与声韵,使人感受到一种具有规律性的律动感。在平面构成设计中,通常会将单纯的元素,进行富有变化性的重复运用,使之产生音乐中韵律之美。在材料再造设计中,通过对材料形态、大小的改变,使之形成等比数列、等差数列的渐变形式,然后根据服装款式的独特性进行有序的组合;通过对材料中几种颜色的重复变化,或将颜色的深浅由上至下、由下至上进行过渡性排列;亦可以通过褶皱的粗细变化、花纹的繁简变化、装饰元素的材质变化等加以表现。

5.对称与均衡。均衡既可以是调和均衡,也可以是在不对称中求平衡。在材料再造设计中,通过对服装材料进行统一的纹理、色彩、装饰的设计,在后期的服装成品中基本就能够达到对称式的均衡。但事实上,调和均衡和不对称均衡也不是完全对立的调和均衡,也可以将其称为不对称均衡,材料运用于服装成品后,并不会呈现出左右、上下的完全对称。在材料的设计中,通过打散重组、破坏添加、刺绣绗缝、色块拼接等设计手法进行材料的随意构造,重点是将材料进行无规律的创新设计,虽无重复、无韵律、无节奏,但是会增加一份愉悦轻快的随性之美。

(二)服装材料再造的工艺技法

材料再造的设计方法有很多种,一般所采用的方法是在现有服装材料的基础上对其进行剪、挖、绘、绣、缝、烧等工艺技法;多数是在服装局部设计中采用这些表现方法,也偶有用整块材料的。

1.服装材料的染整设计。作为材料再造的方法,印染设计主要指染色和印花,包括传统意义上的蜡染、扎染、手绘以及电脑喷印、数码印花等现代印花技术。

2.服装材料的复合性设计。材料的复合性设计是运用联合、综合、整合等手法把不同质感、不同花色的材料利用各种手段拼缝在一起,在视觉上形成混合与离奇的效果,以适应不同服装的设计风格。

(三)材料再造服装设计

1.运用再造材料进行服装设计。当服装设计中的材料与再造相遇,那么服装设计的重点则变成了材料自身而非款式造型:再造的材料使服装款式设计更富有艺术感染力,使设计档次与内在价值得到了充分的展示,再造的材料效果也使服装得到"升华"。

2.运用再造材料点缀服装。再造后的材料往往都具有生动、立体、丰富、变化的多样性特征。再造材料用于时装设计时,若把它置于服装的某一部位,则能起到画龙点睛的作用。尤其是在高级时装中,局部的服饰点缀,与时装款式交相呼应,产生另一种和谐的美感,即成为设计的焦点与重心,并产生强烈的个性特色和视觉冲击力。

3.运用再造材料搭配服饰饰品。随着社会经济的发展与时尚潮流的更迭,作为服饰配件的帽子、包袋、鞋袜等服饰品,在增强服饰的整体形态演绎中,其角色也发生了很大的转换,已转换成与主角同行,扮演着与服装同等重要的角色,成为服饰整体形象的点睛之笔。

服装材料的再造是科学技术与艺术设计融为一体的"写照",也是设计传达的一种感觉、一种哲学、一种理念、一种潜意识的"集合",它成就了服饰设计多元的表现"语言",也是纺织设计的精髓和核心,是产业发展的基础要素之一。同时,也是材料设计专业工作者的责任。

第四章 服装材料与纤维艺术

第一节 纤维艺术的发展与分类

一、纤维艺术的概念及发展溯源

纤维艺术是与人类生活息息相关的,它使用天然纤维和化学纤维通过编、结、缠、绕、贴、扎、缝、染等综合技法构成软体或综合材料构成体。如编织品、装置软体等,通称为现代纤维艺术。它具有坚硬或柔软,沉静或跳动,影射或吸光,平直或曲隆,艳丽或暗淡,竖立和凹凸等不同的质感、肌理感、色彩感、状态感。这一门类在世界各地,称谓不同。在法国,把传统的和现代的织物艺术统称为壁挂;在美国,称作空间展示艺术,也有称之为纤维艺术的。随着织物构成领域的拓宽,我们把三维空间的编织造型称为软雕塑。

现代纤维艺术是备受国内外艺术界广泛关注的古老而又年轻的艺术门类之一。说它古老,是因为现代纤维艺术的发展始于传统的手工染织、编织工艺,在世界古代文明史上,纤维丝织独树一帜。公元前15世纪古埃及的亚麻壁毯是迄今发现最早的纤维艺术作品,而西亚的纤维壁毯纺织业比较兴旺,叙利亚曾经是壁毯纺织业的中心。中国有"丝国"之美誉,传统纤维丝织有着悠久的历史,品种繁多,技艺精湛。据古代文献和出土文物考证,我国最早采用的丝织材料主要是麻、葛纤维。目前发现最早的纺织品是江苏吴县草鞋山新石器时代遗址出土的三块葛布残片。这些葛布虽然质地粗糙,但却是纬起花的罗纹织物,花纹为山形和菱形斜纹、罗纹边组织。

传统纤维艺术在中国艺术文明史上有着辉煌灿烂的一页。在中国五千年文明史上,有着一条重要的东西方文化交流之路、绿洲之路,它连接亚洲、欧洲,是一条文化、经济、科学与技术的大动脉。它的延续对东西方文化交流与发展产生了深远的影响和潜在的推动作用,这就是著名的"丝绸之路"。

在"丝绸之路"的文化交流中,有众多手工艺品。中国的纤维丝绸以其图案精美、巧夺天工的绣制赢得了世界各国的青睐。

夏鼐在《中国文明的起源》中说:"公元64年罗马帝国占领了叙利亚以后,中国丝绸很为罗马人所赏识。当时及稍后,罗马城中的多斯克斯有专售中国丝绸的市场。那时候的罗马贵族不惜高价竞购中国丝绸。"罗马人培利埃该提斯说:"中国人制造的珍贵的彩色丝绸,它的美丽像野地上盛开的花朵,它的纤细可和蛛丝网比美。"

我国古代技艺精湛的丝织手工艺品,经丝绸之路传入了东西方各国,对世界丝织技艺的发展起到了推动作用。

除丝绸外,中国夏布也是极受国际市场喜爱的工艺品,它以麻类为原料。我国古代种植的麻类,有大麻、苎麻、苘麻,都是优良的纺织原料。国际上把大麻称汉麻,苎麻称中国草。它们平滑而有丝光,质轻拉力强,吸湿快,易散热,染色容易而褪色难。麻织成的夏布,清凉舒适。其工艺是采用水沤的方法使麻皮脱胶软化,将纤维分离出来再进行编织。麻、葛纤维要纺成线才能织布。长沙汉墓分别出土的木拈杆木纺轮、铁拈杆陶纺轮的纺锤,是目前最早的纺锤实物。但用纺锤纺织麻、葛,效率低、不均匀。手摇单锭纺车、脚踏纺车是我国古代纺织史的重要发明。

我国还是世界上最早发明丝织技艺的国家。丝织技术细腻,工艺复杂。从蚕茧上把丝抽下,称作缫丝。

秦汉时采用织机,构造简单、原始,但已是当时世界上最先进的织机。要织造带有复杂花纹的织物,就要在织机上再加提花装置。河南安阳殷墟墓葬铜器上保留的丝织物痕迹,有平纹的绢,还有提花的菱纹绮。到了周代,已有多色提花锦。汉代的纺织技术很高,在丝织方面,能织出薄如蝉翼的罗纱,而且能织出精致复杂图案的锦。汉代还能织出绒圈锦,花纹是由凹凸的绒圈组成,具有浮雕感。绒圈锦没有开毛,明以后才有了将绒圈开割起毛的漳绒、天鹅绒。南宋楼王寿绘制的《耕织图》中的提花机,机上有双经轴和十片综,上有提花工,下有织工。这是目前所见世界上最早的提花机图像。最具体完整的古代提花机型制,在元代薛景石《梓人遗制》和明代宋应星《天工开物》里都有记载和插图。

唐代,官府的纺织作坊分工很细,布、绢、纱、绫、罗、锦、绮等分别由专门的作坊来织造。丝织品的品种丰富,织造精巧。近代在我国西北地区出土的唐绫、锦,带有花草禽兽等图案,而带有西方风格的联珠对禽兽纹锦更为突出,是中西文化交流的反映。

另外,传统地毯在我国纤维艺术上同样历史悠久。唐代著名诗人白居易在《红线毯》中写到"地不知寒人要暖,少夺人衣作地衣"。古代地毯被称为"地衣""毛席"。它最早出现在我国西部地区的一些游牧民族中,当时是用以防潮御寒的生活品。随着佛教传入西藏和北方草原,信徒们匍匐于地毯上,焚香拜佛,从而刺激了地毯业的发展。那种用杂色羊毛织成的拜佛垫,逐渐流传到我国草原地带。隋唐时期,地毯编织有了较高的技艺水平。而壁毯在当时也发展繁荣起来。中国唐代的缂丝壁毯传入了日本,收藏在日本正仓院的唐代织毯实物,就是一个明证。

考古发现且末县扎洪鲁克古墓出土的新疆毛织物,有印花毛布、绘花毛布、毛残片、丝织物残片、毛编物。在敦煌石窟,唐、宋时代壁画中存有大量地毯的画面,技艺精美,色彩丰富,具有极高的观赏性和装饰性。由此可见,中国古代纤维艺术十分兴盛,并且经丝绸之路传入中亚、欧洲、非洲等地区。

近年来,现代纤维艺术在中国取得了飞速发展。美国女艺术家茹斯·高教授在1981年带领15个美国纤维艺术专业的学生来到中央工艺美术学院留学,敲开了中国现代纤维艺术的大门。从此,工艺美术界异常活跃,在本土文艺理论"百花齐放,百家争鸣"和外来的文化思潮引导下纤维艺术迅速发展。国内纤维艺术作品,在构思形态及材料运用上,均发生了前所未有的变化。

中国美术馆于1984年举办了首届中国壁毯艺术展。在展览上,引起人们广泛注目的是江苏南通工艺美术研究所林晓、冷冰川为代表的作品,其材料使用相当广泛。1986年,瑞士洛桑国际壁毯艺术双年展上,展出了中国艺术家谷文达、梁绍基、施慧和朱伟的作品,第一次在洛桑展现了中国纤维艺术的风格,向世人阐明了现代纤维艺术的中国气派。

现代纤维艺术结合生态环境、建筑空间,运用现代设计思想和审美观念,以染、绘、喷、印、编、结、扎、缠、绕、贴和声光科技等装饰手法,创造出具有现代风格的纤维艺术品,其创作思路亦由单一模式向多元化复合型模式发展。这种文化蜕变的过程,亦是传统文化技艺与造型的蜕变,贯穿了现代纤维艺术创作的全过程。艺术家的再创作融入结构与材料,将旧有的观念转化为全然不同的造型、构图及表达方式的现代理念。

在世界范围内纤维艺术的发展,同人们的生活密切关联,无论在地球的东部还是西部,在亚洲还是欧洲、美洲和非洲,都呈现出不可逆转的态势。

欧洲的传统壁挂以戈贝兰式壁挂的编织技艺达到壁挂艺术史上的高峰,其构图繁密,色彩丰富,完全反映了绘画的画面效果,其技法的表现效果类似中国传统的"双面绣"。欧洲传统纤维艺术是在中世纪开始真正繁荣的,可以说是以北欧为代表,它运用了综合性技艺手法,进行综合性的选择及创造性的设计应用,涉猎其他方面,超出编织、染织的领域,拓宽了纤维艺术的空间。

现代纤维艺术是从欧洲和美国开始兴起的。美国艺术家在运用技法、开发新材料和新观念中汲取前人的经验,从土著的印第安人的传统文化中汲取营养。因为土著艺术家、编织者、制陶者、雕刻艺人、画家,他们保持着传统技法,承袭着传统文化。当然,当代艺术家在艺术上也有突破和变化,纤维艺术的造型结构和外观特征上,与传统的平面式壁挂作品完全不同,在纤维艺术界和造型艺术领域,"软雕塑"便应运而生,这类纤维艺术品的本质属性便是言简意赅。

安妮·艾伯斯是美国纤维艺术最早的倡导者之一。她曾执教于德国包豪斯学院,二战时,离开包豪斯,移居美国。她于1949年成为第一位以编织家的身份在美国纽约现代艺术博物馆举办展览的艺术家,她倡导艺术家与编织工人的艺术创作应合为一体,著有《设计论》和《编织论》,提出了纤维艺术品应向二维的形态发展这一学术思想。20世纪60年代初,纤维艺术处于全盛时期。1962年在瑞士洛桑举办了首届国际挂毯双年展,在这届双年展上最能显示实力的是波兰艺术家。到1965年第三届双年展时,哥伦比亚、南斯拉夫、罗马尼亚、荷兰和美国的纤维艺术家也加入行列,显示了同样前卫的艺术思想,展现了整体的艺术才华。

世界建筑的蓬勃发展,以纤维艺术为主的博物馆、美术馆、研究中心的建立,推动了纤维艺术的兴旺发展。许多艺术家将纤维艺术引入现代建筑环境中,迅速演绎为国际性室内装饰风格。法国艺术家让·吕尔萨在纤维艺术的创作上主张恢复编织艺术的本来面目,同时提出了纤维艺术品与建筑环境和谐共存的学术思潮。

在亚洲,二战后日本经济迅速崛起,各行业迅猛发展,纤维艺术也在成长与壮大。20世纪80年代中期,日本逐渐成为国际纤维艺术中心,世界纤维艺术的格局发生了变化。以日本为代表的古老而绮丽的东方编造艺术及其精美技法,材料的重新发现与工艺编织技法的创新变化,艺术家们赋予现代纤维艺术新的文化空间,构成了纤维艺术的新风格,异彩纷呈,令世界瞩目。

与此同时,法国有一著名的高比林壁毯工厂闻名于世,并迅速成为法国文化艺术的代表之一,纤维艺术作品被法国各阶层广泛采用。法国的"国家协调者"组织属国有的运作机构,它注意调整艺术家与手工艺者之间的矛盾,从而使20世纪90年代纤维艺术在世界范围内蓬勃发展起来。作为一门独立的艺术,其在材料综合、技法拓展的基础上,更加倾向于艺术语言表现形式的发展。在现代纤维艺术创作中,装饰色彩与纤维材料、工艺技法、空间造型构成了一个有机的整体,使现代纤维艺术魅力无限。

现代壁挂艺术是艺术家用自己的思维,面对织机、面对材料,按照自己的设计进行编织创作。它完全打破了传统工艺流程中由"绘画"到"织品"的复制,使艺术家直接同材料进行交流,使艺术家的创作思想直接在材料本身的质感、肌理表现、光线的选择等以及它的平面、二维或三维空间中得以展现。艺术家面对这些富有生命、富有感情的织料,亲身参与整个编织过程,好像绘画者拿起手中的画笔和颜料,而编织艺术家拿起纤维等材料,获得艺术灵感上的自由,积极投身创作当中。

随着科技的高速发展和生活水平的日益提高,加之声光科技的运用,人们越来越走向精神需求的更高境界。为了适应时代的发展,不断发现、开创新的艺术观念,只有引导纤维艺术与环境的同化并将纤维艺术与环境意识同高科技手段融为一体,且赋予作品更多、更丰富的文化内涵,使纤维艺术更加贴近现代生活,才能使其更加具有自由而浑然的生命力。

二、现代纤维艺术设计的类别

纤维艺术有诸多类别,一类是平面的,是从壁毯和挂毯发展而来的。它们主要以悬挂的方式来进行展示,也称壁挂。它的装饰风格有具象、半具象、抽象、半抽象的。壁挂纤维艺术也有一定的起伏关系。另一类是由平面单一的墙壁型发展成为立体空间的纤维艺术,用以装饰大型的建筑空间,被称为软雕塑。

(一)纤维艺术的平面类

传统毛、丝壁毯是古老的艺术品种。在欧洲,凡是挂在墙上的纤维编织物,被统称为壁挂。壁毯是纤维艺术中的一种主要形式。欧洲直到21世纪初,壁毯才开始超越最初的界域,从欧洲延伸到美洲、澳洲及亚洲。

壁毯通常被称作挂毯,北欧、瑞典、芬兰等地区和国家的挂毯在世界上久负盛名,其装饰技巧精美、富有创意。很多有名望的美术家从传统的绘画向纤维艺术过渡,他们被古老而神秘的挂毯艺术所感染,既而又引发了新挂毯的创新设计思想。1938年,法国挂毯艺术家让·吕尔萨宣称要复兴法国挂毯艺术。传统的法国挂毯是以移植绘画的模式,用极其繁杂的色线织造的"油画"。让·吕尔萨先生独辟蹊径,融现代观念及装饰表现手法于挂毯艺术中,运用极简约的线与色块来表现大自然,抒发个人情感和审美情趣。他所设计的一千多件挂毯带来了法国艺术挂毯的春天,使法国的挂毯艺术面貌焕然一新,并且融入现代建筑当中去。

二战爆发后,欧洲的纤维艺术挂毯曾处于萧条状态,但这种萧条只是暂时的,是一次大休整,甚至是蓄势待发。二战后,波兰很快恢复了民族手工业生产。由于战后物质匮乏,艺术家开始用超乎寻常的东西为材料,其结果出人意料,他们成为欧洲现代编织艺术运动的先驱。杜桑曾经提出过"任何东西都可以是艺术,只要艺术家认为那是艺术"的观点。随着材料的广泛运用,现代挂毯表面肌理松软并富有弹性,给人耳目一新的感觉。

1961年6月20日,在法国挂毯艺术家让·吕尔萨的倡导下,由法国文化部、瑞士洛桑政府、洛桑古代博物馆共同在瑞士洛桑创建了国际传统与现代壁挂艺术中心,简称ICAMT。作为国际壁毯双年展的舞台——洛桑,通过国际性地征集、评选展品,使各国壁毯艺术家、美术评论家、美术经纪人在这个舞台上相互交流,推动了纤维艺术的发展,挂毯艺术开始走上了多元化发展之路。

中国现代装饰挂毯的摇篮是中央工艺美术学院。1979年开始,现代纤维艺术的先驱者之一,著名艺术家、理论家袁运甫先生倡导并创作了一批富有创意的壁毯作品,这批作品用绒绣、枪绣、毛织、丝织等众多工艺制作。如田卫平的《狮子林》、任焕斌的《绿色》、刘青青的《海船》、龙念南的《十二生肖》等作品在当时产生了较大影响,并对现代装饰挂毯艺术的成长产生了重要影响。

1983年,塞内加尔艺术壁毯展在中国美术馆举办,芬兰现代挂毯展在北京展览馆举办,又进一步影响了中国的纤维挂毯艺术,使其逐步走向成熟。

1984年,在中国美术馆举办的中国首届艺术壁毯展,成为中国壁毯艺术成熟期的标志。参展作品丰富多彩,在创作形式上有具象的、抽象的、装饰的,在表现内容上有风景、人物、动物、植物、民俗风情、历史故事和传说;在制作技法上,有刺绣、枪绣、扎结、片剪和传统的编织方法等;在材料运用上,有毛、丝、棉、麻、棕、竹、草、柳、藤等。中国现代装饰艺术的先驱者之一张仃先生的《鸡》,雷圭元先生的《鱼》,袁运甫先生的《门神》,肖惠祥先生的《火凤凰》,田卫平的《海扇》,林晓、冷冰川的《三阳开泰》等,这些作品代表着中国艺术壁毯的水平,在艺术界产生了强烈的反响,促进了中国艺术壁毯的发展,中国的艺术壁毯开始走向世界。这样壁毯艺术经历了萌生、成长、成熟的全部过程。

(二)纤维艺术的空间类

从1969年开始,在瑞士洛桑第四届国际壁毯双年展及在美国纽约现代美术馆举办的墙饰展,纤维艺术首次在重要的美术馆以艺术品的姿态被展出,尽管纤维艺术已从工艺品中分离出来,但仍处在工艺品与纯艺术的边缘地带。软雕塑的出现,表明了纤维艺术从传统的平面向空间的、相对独立的艺术形式发展。纤维艺术材料空间的拓宽,形式上有了立体装置的可能性。现代建筑需要表面柔和、质地松软的立体艺术品来增加现代建筑空间的情调感和亲切感,而软雕塑正好适应了这一需求,以独立的艺术形态出现了。

艺术与科学的相互渗透融合,产生了新的学科。不同门类的造型艺术之间相互结合,丰富了各门类艺术本体的表现语言,也产生了边缘艺术。软雕塑的构思颇有创意,它建立在传统壁毯艺术的基础上,丰富了壁毯的表现形式,并从壁毯艺术中脱离出来。软雕塑根据创作者的意图及建筑空间的变化而随时改变本体的形态及展示方式,丰富了雕塑的表现形式,打破了刚强硬质的雕塑传统观念。软雕塑的立体结构与声、光、电的配合,产生出特殊的艺术氛围和审美情调。

软雕塑是在1985年传入中国的。首次将软雕塑传入中国大陆的是保加利亚人万曼·马林·瓦尔班诺夫,他是国际纤维艺术大师、软雕塑创始人之一、法中美术交流协会副主席、保加利亚功勋艺术家。万曼先生1932年生于保加利亚,1951年进入索菲亚美术学院学习,1953年受国家派遣来华,留学于中央美术学院和中央工艺美术学院。万曼先生留学期间在朱宏修等先生的指导下,学习了中国传统工艺美术理论及技法,临摹、写生了大量中国传统图案、敦煌壁画、丝织锦绣等民间工艺品,为万曼先生研究中国传统艺术打下了良好的基础。1957年,让·吕尔萨先生在北京举办壁毯展览,万曼先生看完展览颇受启发,决定投身壁毯创作。1959年他回国执教于索菲亚美术学院,并创办染织壁毯系。万曼先生的艺术创作具有独创性,而且对国际现代纤维艺术的发展起到了积极的促进作用。20世纪70年代初,万曼先生的作品两次入选洛桑双年展,确立了他在国际壁毯艺术界的地位。

评论家多拉瓦利埃这样评论万曼先生:"万曼先生以其独创的丰富性使我们惊奇。他向我们展示的构成方式之多,对我们乃是新鲜事物。这是指壁挂材料和编法,即线的交织关系——而在此一方面,也许没有人可以与万曼相匹敌,因为壁挂的构成显然存在着界限,只有具备非常可靠的专业知识的人,才有可能超越它。事实上,纺织与其他艺术的区别正是体现在它得以实现的同时,也产生了自己成立的证据。它的维系结构有着一个不变的因素——经线,一开始时绷紧的线的整体;还有另一个可变因素——纬线,它把可变性引入到材料上,线的厚度及其扭动上,甚或引入到经纬的关系上,在这种关系中,纺织能够把有规则的和无规则的结合起来,改变浮动与紧连的关系以及最终还引进了万曼先生通过自己染制精选的材料或直接地把羊毛的自然色彩组合起来而构成的奇妙和谐色调。"

万曼先生在创作中关注的焦点是利用纤维材料的特性去发掘软雕塑形式的多样化和构成关系及形态的可变性。1985年,万曼先生重返中国,先在北京指导了三位艺术家赵伯威、韩眉伦、穆光并举办了软雕塑展,继而在杭州浙江美术学院(现中国美术学院)创办了万曼壁挂研究所,成为中国境内软雕塑事业的拓荒者。

第二节 纤维艺术设计的图案色彩

一、现代纤维艺术设计的图案

纤维艺术图案的装饰风格,品种繁多,纹样特点各有差异。

(一)蓝印花布图案

蓝印花布是广为流传的手工艺品,取材广泛,常以隐喻和谐音来表现美好的生活愿望,图案造型浑厚朴素、手法精练,大气度、大手笔,特征鲜明,重点突出。

蓝印花布的构图多样,如狮子与绣球、飞鸟与植物、喜鹊与腊梅、金鱼与荷花等。蓝印花布是单色印花,以纹样的疏密变化、蓝白互相穿插运用,在强烈的对照中取得调和,反映出蓝印花布的强烈与朴素的风格。

(二)彩印花布图案

彩印花布品种风格各不相同,图案丰富,类似版画的丝网印刷。常用对称、重复的构图,疏密、大小的构成排列,形成完整统一的形式,图案风格灵活多变。

(三)丝绸图案

丝绸是纤维艺术的平面精品。丝绸图案造型精致,图案色彩丰富,采用写实手法,造型生动,活泼动人,构图灵活,技法多样,手法细腻,用线流畅。配合点线面的构成,转折重叠、虚实相间、形式多样、排列灵巧、用色温和,朴实而别致。

(四)蜡染图案

蜡染是传统的手工印染技法,川、云、贵少数民族地区广泛使用这种印染方法。

蜡染是先绘蜡于布上,再染色,最后把蜡除去。这种蜡染工艺操作简便,可在布料上直接绘制。由于蜡性之特征脆裂,所染花纹在浸染时,染料液由裂纹中浸入被蜡所覆盖部分,产生各种极其自然的裂纹,因此图案富于自然的变化。

蜡染图案花纹细致严谨,图案题材有几何形、自然形,有曲涡线、波状线,生动流畅。

(五)棉织图案

纺纱织布是极普遍的手工业,许多农村妇女从小就学织布,织出的棉布各具特色,图案感强。民间棉织图案造型质朴厚重,形式优美,题材丰富,色彩绚丽,多用纯色和一次间色的组合。

棉织图案大都采用几何菱形,以斜线为主,造型美观,便于织造。还运用对称与重复的关系,以达到实用和艺术的完美结合。

(六)丝锦图案

丝锦图案是我国传统图案的重要组成部分,在造型、结构、色彩上有独特的表现手法。采用大缠枝宝相、牡丹花等素材,用色浓艳,造型浑厚,极具魅力。构图讲究空白,与纹样相结合部分相辅相成。随着丝绸技艺的提高,纤维品种的差异,图案内容更加丰富多彩,手法繁多,造型严谨,风格活泼、工艺精细。

(七)地毯图案

地毯分布广,材料、技法、用途各不相同,图案各有特点,有京式、彩枝式、博古式、美术式图案。地毯造型敦厚,结构严谨,色彩华丽而典雅,繁简各异,稳重古朴。散点折枝花构成的地毯图案,用色超过几十种,层次分明,常以龙、凤、宝相花纹样、团花或变形勾叶的装饰角花,均衡对称,手法细腻,构图灵活,风格别致。在单色地毯中,用片剪工艺剪出地毯的纹饰,纹样突出,朴素大方,富有立体感,在现代建筑中广泛应用。

西部地毯图案造型简练,用色浓郁,经纬线细密,道数多,做工精良,用菱形结构结合点线面的构成,极富装饰性,具有独特的民族风格。

二、现代纤维艺术设计与色彩的关系

纤维艺术色彩设计涉及光学、染色学、心理学和美学等学科，它是一门以色彩来丰富人类生活空间的艺术门类。

德拉克洛瓦说，我们的目的是要利用色彩来创造美。人们在视察景物时，视觉的第一印象乃是色彩的感觉，色彩常常具有先声夺人的魄力，由于视觉规律导致"远看色彩近看花"，"先看颜色后看花"。纤维织物因其质软，富于弹性，用色更需考究。因此，色彩在纤维艺术设计中有着重要作用。

在纤维艺术设计时有些构图特别是挂毯设计，需其色彩淡雅、柔和，地色有浅、灰、深等色。地色与花色较近似，有的配以柔和的夏色调，整个配色和谐统一，也有配合强烈的都市色调，整体配色活泼生动，富于动态。色彩与材料的统一，给人以柔和舒适感。构成图案题材多样化，追求大自然的色彩效果。色彩浓艳，彩度高，色彩以正红、橙黄、蓝、果绿、紫罗兰等色配合，层次分明，符合现代纤维艺术同环境空间相结合的原理，富有朝气。

(一)纤维艺术设计的色彩性质

色彩是通过色相及纯度和明度反映出来的。色相是指色彩所呈现出来的相貌，如红、橙、黄、绿、青、蓝、紫、金、银、黑、白、灰等，是极其鲜明的。纯度是色彩的饱和程度，如深红、大红、浅红等。明度是色彩的明暗程度，如深绿、灰绿、浅绿等。

空间混合与直接混合的方法在纤维艺术创作中应用广泛，一种纤维材料与另一种或多种纤维材料相交时，产生了视觉自动的空间混合调节作用，纤维材料本身具有一定的色彩，经混合后的色彩更丰富。这些色彩的产生并不是彻底地搅和或调和，而是靠纤维艺术创作中层次错落、大小块面编织技法的运用来实现的。

纤维艺术设计时，根据色相的纯度与明度和色相之间的纯度与明度的对比关系来选择纤维材料。在色相中,黄色为最明的色相,紫色是最暗的色相。两者之间可产生极为明显的对比作用,也叫互补作用。黑与白对比更明显。

(二)纤维艺术设计的色彩规律

色调的根本是色彩的统一、调和,是由色彩的基本性质决定的。色彩性质是由色相、纯度、明度三方面构成的,最突出的是明暗的对比和色相的对比关系。因此,色相、纯度、明度的对比关系,是构成色调统一与调和的基本因素。

色彩调和是根据色相的性质分类比色与对比色的统一。类比色是相近的色相,它们之间色相与明度区别小,属同色系,因而组成的色调是调和的。用此法创作纤维作品,风格素雅,耐人寻味。

对比色是色相两端长色距的颜色,色相反差大,视觉上产生矛盾,极不稳定。两对比色接触的边缘对比最为强烈。减弱另一色相的纯度,使其对比关系更稳定。将黑、白、金、银、灰等中性色运用到对比色中,便可从容地协调其他色彩。在纤维艺术创作中,这些中性色往往将整个作品协调起来,使作品风格统一且富于装饰变化。

色彩的绚丽与否不在所用颜色种类的多少,关键在于有规则、主次的配合。色彩配合好比谱曲,没有起伏节奏,则平板单调。而过分刺激的配合容易使人精神紧张,烦躁不安。过分暧昧的配色由于接近模糊,同样也容易使人产生视觉疲劳。

纤维艺术色彩诱人的魅力常常在于色彩对比因素的妙用,色彩配合采用对比互补色相组合,具有饱满、华丽、生动、欢跃的情感,使色彩达到最大鲜明程度和强烈的刺激感觉,从而引起人们视觉的足够重视,达到心理上的满足。如色相环上间隔120°左右三色,红、黄、青,180°左右色红、青、绿、黄、青紫、蓝、橘红等。

色彩调和是配色美的一种形态,能使人产生愉快、舒适、耐人寻味的特点,无彩色系的色构成配色最易调和。同种色的组合(即同一种颜色浓淡配合)如:深红、浅红二色,或深蓝、中蓝、浅蓝三色以上的配合,使人会有统一调和的感觉。同种色配合由于色彩浓淡太近起同化作用或浓淡太远则起隔离作用,要注意深浅浓淡间隔在视觉上分色清楚,才能取得理想的效果。邻近色的组合,指色相环上间隔45°左右。如红、赤橙、橙、黄、黄绿、绿、蓝、蓝紫、紫等色的配合,令人有温和的感觉,它们在色相深浅明度、鲜灰纯度上灵活搭配应用,使其对比明显,活泼雅致又略显变化,十分耐看,可构成丰富优美统一和谐的色彩关系。

色彩应用在纤维艺术设计时要注意面积大小,色彩主次,均衡呼应,层次等关系。色彩感觉与面积关系很大。同一组色彩面积大小不同,给人感觉就不一样。在用色上各色切忌平均,应根据主题分出主次关系,否则,在布局上色彩显得空虚发闷。应调剂色彩,掌握均衡关系,有节奏地彼此相互联结、相互依存,遥相呼应,并且可运用统一的单一色为主,将整个构图的色彩融为一体,从而构成和谐统一的纤维艺术作品的色彩整体。

色彩的物理现象是光波与各种物体接触,被折射、反射、吸收而反映出各种物体的色彩。色彩给予人们的感觉,与心理学有着密切的关系。生理上影响视觉器官的刺激物就是光和色。

色彩是构成装饰图案的主要因素之一。纤维艺术造型的构成,是以色彩、纹样、手工艺制作三个主要环节来完成的,而三者之间的关系,又是相辅相成的。

(三)纤维艺术设计的色彩层次

明暗关系影响色彩的层次。光源如从纹样背面投射,形成明地暗花的图案。还有光源从纹样正面投射的,形成暗地明花的图案,那么色彩的层次就是纹样距离光源近,图案就明亮;距离光源远,图案就暗淡。

由于纤维艺术受到染色工艺的限制,反而促使其向色调简练、纯朴、含蓄的风格发展。调整各色相之间的纯度与明度的相互关系,就能把握现代纤维设计的色彩层次。

(四)纤维艺术设计的色调效果

色彩的美是在各色相互组合的关系中体现的,色彩的配合在一定意义上犹如音乐谱曲,七个音符可以谱成各种动听的曲调。红、橙、黄、绿、青、蓝、紫就像七个音符,必须巧妙构思,才能组成旋律。纤维艺术色彩设计要全盘考虑色彩的主调,重视局部的色彩对比与调和。色相、明度、纯度三者服从于这一总的色调,有了总的色调才能发挥色彩的积极作用,才能发挥色彩所给予人们的情感和感受。没有统一的色调,只能给视觉感官以杂乱的刺激,缺乏美感。

主色调指色彩在实用中反映出完整统一的色调,如热烈的暖色调,宁静的冷色调。以暖色相组成火热而明朗的主色调,使人感到心情奔放;以冷色相组成幽静而富有变化的主色调,使人感到含蓄而安定。如江河湖海的蓝绿色调,田园山川的黄绿色调,丁香花的紫色调,迎春花的黄色调,还有浅色调、中间色调、深色调、含灰色调。大自然一年四季春、夏、秋、冬变化着不同的色调,令人产生不同的感受。

色调决定整个纤维艺术设计的色彩气氛,其多样性是纤维艺术色彩设计应用的一个重要环节。没有色调的色彩则平淡无味,只顾色彩拼凑就会使色调被冲淡而遭受破坏。一定要有统一明确的色调追求,整合色彩整体,方能使人在观赏纤维艺术品时唤起美感的联想。

(五)纤维艺术设计的色彩对比

纤维艺术的色彩应用,各色之间不是孤立存在的,而是相互联系,相互制约。而纤维的色彩变化,根本在于色相之间的变化和明度的变化,这主要是色彩的对比关系在起主导作用。如万绿丛中一点红的现象,正是这种强烈对比关系的写照。可以色相、明度、纯度为主的同时或综合对比,也有连续对比和面积对比。一种色被其他较亮的颜色所包围,就变暗。反之,一种色被较暗的色包围时,会变亮;一种色与包围色明暗度差别大,则明暗变化大;一种色被其他色所包围,将改变色相;一种色被对比色包围时,纯度增加;高纯度色被明度区别不大的色包围后纯度降低;一种色与另一种的面积反差大,其明度差别也大,对比也就强烈。

(六)纤维艺术设计的材料色感

研究色彩应首先从光学入手,自然界一切物像均与光有着密切的联系。光是由多种色光混合组成的,通过三棱镜分解后按赤、橙、黄、绿、青、蓝、紫的顺序排列的光带,称为光谱。

由于物体在光的照射下与光的关系产生折射、反向、吸收现象。因此,色彩不是孤立存在的,而是受折射、反射、吸收的作用相互衬托,互为变化。色彩是纤维艺术创作材料应用中的一个重要环节。

各种纤维艺术材料各有其特性,如不透明、半透明、透明、发光的、吸光的、反光的,将它们重复、错落、参差、连续地交织在一起,可产生奇妙的色彩变化。

(七)纤维艺术的设计与流行色

流行色是世界上近几十年来新兴的一门色彩学问。时兴、时髦是它的基本特征,它代表着季节的新鲜感,是冲破了习惯色彩应用规则而组合起来的一种时兴色调。流行色具有动人心弦、引人入胜的魅力,它以特有的情感理念把握着色彩的流行趋势。

流行色卡是流行色应用的基础,要全面理解,正确把握色卡的内涵意境(包括趋向、灵感、色组排列、关键色相等方面)。在纤维艺术色彩设计过程中,流行色与构图纹样、结构、织物肌理等表现手法相结合,全盘统一考虑,达到流行色调和图案风格相协调,如国际上流行自然色调,大地色、森林色、沙滩色、热带丛林色、沙漠草原色、海洋湖泊色、大理石色、漂流木头色、花卉芳草色等流行色调。在色卡几十个色相中可采用某一色组的几个色,图案以大自然景色、亚热带植物花卉、飞禽果实自由组合,布局灵活多样,热情奔放,采用大块面织物肌理,多层次多技法地表现现代纤维艺术的主色调。不同时期的流行风格具有各自的流动感,展示着自然的情调。

在纤维艺术背景色彩设计中,表面织物色彩可选用流行色卡中某一单色,其他层次则以浅淡柔和的自然色组相配置,同种色相浓淡深浅结合,以棕灰衬托,使构图形象具有立体感,整个色调模拟自然情调。纤维构图色彩也可选用流行色卡中关键色相。如国际上秋冬季流行松石绿色,纤维艺术设计的色彩可大胆应用以松石绿作地色,其他层次则以无彩色墨、白、灰表示。纤维艺术设计构图采用具象或抽象的几何形,构架编织肌理的空间,强调对比,给人以强烈的对比感受。

流行色的应用依靠设计者丰富的想象力并与具体设计纤维材料和物像相结合,才能产生特定的作用和效果。

第三节 服装材料与纺织纤维

一、纺织纤维原料与服装材料的关系

纺织产品由纤维、纺纱、织布、染色、整理,并经裁剪、缝纫到服装成品,要经过许多加工工序,其形状、结构、性质发生了显著的变化。但作为原料的纤维,不仅对产品的外观和性能起重要的作用,而且是产品的设计和开发的重要因素。可以说,原料对服装产品和服装产品的设计开发有着举足轻重的作用。其作用可从以下几个方面加以说明。

(一)原料与服装材料产品设计三要素的关系

原料与产品设计三要素,即服用性、美观性和经济性,关系十分密切。因为它们之间存在着内在的、本质的联系。

1.纤维与织物服用性能的关系。纤维对织物服用性能的影响,包括机械的、物理的、化学的和生物的,有的起决定性作用,有的起主要作用,也有的起重要作用。那些与物质本身有关的性能,如耐酸、耐碱等化学性能;防霉、防虫等生物性能,几乎完全决定于纤维的性能。织物的大部分力学性能,如拉伸性、耐磨性、吸湿性、易干性、热性能、电性能等,纤维对其的影响则是主要的。许多结构和形态方面的性能,对纱、织物的结构有很大的影响,事实表明,纤维的影响同样不容忽视。

2.纤维与织物美观性的关系。织物美观方面的内容包括悬垂性、抗皱性、抗起毛性、抗起球性、挺括性、尺寸稳定性等有关的物理机械性能,纤维无疑对其有重要影响。另外,如色泽、光泽、质感之类的外观,众所属知,纤维也与之有密切的关系。因此产品在美观性方面的设计开发,纤维的因素是不能不考虑的。

3.纤维与织物经济性的关系。目前,一般织物的原料成本占70%以上。这完全可看到原料在经济性方面的地位。实质上,纺、织、染整加工所需的费用与原料也是密切相关的。因为原料决定着加工系统,产品的质量以及销售和利润。

(二)纤维原料与服装材料产品生产的关系

纤维原料既是纺织科学、纺织加工的基础,也是纺织工艺、染色、整理和产品设计的基础。从产品开发的角度出发,要强调的是纤维的特点,如长度、线密度、卷曲度、强伸度、初始模量、刚度、电性能、热性能、均匀度等,这些性能方面影响着加工的过程,同时又受原有加工条件的限制,生产并不是随心所欲的。粗纺与精纺、普梳与精梳、短纤维与中长纤维、天然纤维与化学纤维、纯纺与混纺等,其纺、织、染生产有明显的区别。各种原料加工的可能性和范围都是有规范的,但是生产是产品开发的重要环节。原料并不是一成不变的,生产条件也不是不可改变的。原料的合理改变和运用,生产条件的相应变革,往往可以打破常规,生产和开发出新的产品来。

(三)原料与服装材料产品开发的关系

在服装产品的开发中,纤维也是主要因素。目前织物的许多新功能、高功能,如阻燃、抗静电,高弹性、高强力、高模量,防菌、消臭、吸湿、易染等,都可以通过特种纤维获得。织物一些性能的改善,如耐久性、舒适性、手感、外观和风格等,也可合理地运用纤维达到。总之,织物开发时要取得新、奇、高、特、优等特色,常常离不开运用纤维的特殊性,尤其是具有特殊性能的新纤维。如高弹纤维、高收缩纤维、超细纤维、可溶性纤维等,这些纤维一经出现,就成为开发新产品的关键。且一种纤维不是开发一种产品,而是开发批产品,不仅可在种产品系统中应用,而且常用到各类产品中。

(四)原料的多样化关系到服装材料产品的多样化

20世纪40年代以前,纺织原料主要是棉、毛、丝、麻,因此品种很单调。随着化学纤维的发展,纺织产品的品种不断扩大,这已成为现实。目前纺织纤维,主要是合成纤维,品种数以千计,因而纺织产品千变万化、千姿百态,已是有目共睹。纺织原料多样化带来产品的多样化、多变化,这是必然的结果。目前,许多大的化纤公司,一种纤维就有上百个品号,而且日新月异,还在不断开发。因此,抓住原料的变化进行产品开发,扩大花色品种,是一条十分重要的途径。原料与产品的关系好比音符与乐曲、笔画与文字、文字与文章的关系。原料的巧妙运用,可以开发出五彩缤纷的产品来。

原料与产品的关系还有另外一层意思。人们常说,市场是导向,产品是龙头,原料是条件。这种说法主要是从需求的角度来讲的。可以说没有需求,便没有产品的开发。市场需求是导向、是动力。在当前市场型经济的指导下,尤其如此。但此话对原料与产品的整个关系,只说了一半。

如果产品开发从技术上、发展上来考察,则可以看到这样几种特点:

1.原料是源头。滚滚长江水由千百条溪河汇集而成,广袤的产品流归因于众多纤维的集合。产品这条长河的形成和发展,与纤维有着不可分割的关系,纤维是产品开发的源头。

2.原料犹如灯,产品犹如灯光。一盏灯可以照亮一大片,灯的功率大,光的亮度高。一种好的纤维,可以开发出一批高水平产品,这种实例是很多的。

3.原料犹如种子,一颗种子,可以结出千百朵花,千百个果。而且品种优良的种子,其花朵必然更鲜艳,硕果将更为丰富。为此,国际上许多著名的企业,都十分重视原料的开发。

二、纺织纤维原料与服装材料发展的同步性

从服装材料的发展过程看,材料的发展有赖于原料,原料与材料的发展是相互呼应的,是同步的。

棉、毛、丝、麻时代,只有天然纤维产品。化学纤维出现以后,便出现形形色色的化纤产品和混纺产品。从近代纤维的发展和产品的发展,便可看到它们之间的关系密切。以合纤仿真为例,从20世纪60年代开始,合纤主要是涤纶,被认为已发展到第五代,每一代纤维作不同的改性,随之而来,所开发出的产品便逐步登上了新的台阶。

例如,近代通过运用各种化学纤维,先后开发出形形色色的仿丝绸、仿毛、仿麻、仿皮革等产品。通过运用各类差别化纤维,不断提高了产品的仿真水平,生产出各种抗静电织物、阻燃织物、防水透气织物、防污织物、抗菌防臭织物等。通过运用各种纺丝等加工技术,生产出变形丝织物、网络丝织物、弹力织物、复合织物、植绒织物等。另外,还有许多与天然纤维不同特性和风格的织物。总之,织物在性能和风格上都有很大的变化。

在新合纤开发的同时,先后出现一批高新技术纺织品,这便是早期开发的人造麂皮、超高密织物、第二代人造革、清洁布等以及近期开发的桃皮绒、仿再生纤维、新仿丝绸和新精纺产品。这些仅是代表性产品,实际上,新型化纤品种,在轻薄、中厚织物等领域里要多得多。

再看日本的著名大公司,如三菱、尤尼吉卡、东丽、东洋纺、可乐丽、旭化成、钟纺、帝人等公司,不断推出新产品,他们都以开发新纤维为先导。美欧诸大化纤公司纺织企业集团,也都以开发新原料作为重要手段及竞争的焦点。

新合纤从20世纪80年代后期才开始,至今不过十余年历史,只能说是起步,产品的数量还不大,但可以从这类纤维看到未来产品可能达到的高度,可能创出的新颖风格。所以新合纤被认为是未来世纪的纤维。可以预计,它还将进一步发展和完善。它可以满足未来服装材料所提出的或将要提出的各种要求。

我们从纤维的发展看到材料的发展。反之,我们欲使材料的开发做到变化快、品种多、品质高、风格新,那就必须充分把握新纤维的开发动向,并千方百计地利用它、用好它。

21世纪服装材料的目标是高风格、高感性、高功能、超仿真、超自然,21世纪所用的原料将是"超合纤化"。

三、把握纺织纤维的特性是服装材料开发与设计的基础

充分掌握纤维特性,是产品开发的基本功。不同种类的纤维有不同的性能,同一类的纤维也有许多差异。纤维科学是一门内容十分丰富的纺织材料科学,目前,已有许多专著。从材料开发设计的角度来看,则应掌握以下几个方面。

(一)纤维的基本性能

纤维的基本性能包括几何的、物理的、力学的、化学的和生物的,必须充分了解,理解和掌握它。许多新颖纤维虽经过改性,但往往纤维原有的某些基本特性并未改变。

(二)纤维的优缺点

到目前为止,不论天然纤维、再生纤维、合成纤维以及各种新合纤,都是各有所长,各有其短,因此,必须充分了解纤维的优缺点。只有了解诸纤维的优劣,才能扬长避短,才能优化,才能在设计、加工中防止可能出现的问题。

(三)纤维与纤维之间的差异

纤维与纤维之间在规格、机械性能、染色性能、收缩性能等方面的差异会给加工和产品带来很大的不良影响。这些在开发及设计前必须充分估计到,否则,可能会产生严重的后果。

(四)纤维性能的变异特点

纤维性能本身都存在一定的差异,最常见的如纤维的长度和线密度,还有其他各种特性。差异过大将影响产品质量,也会影响生产。但现代许多仿真产品,需要纤维保持某种差异,才能出风格,出水平。为此纤维间差异的控制和设计,将是近代新产品的一大课题。

(五)纤维的关键特性

每种纤维都有其特殊性,都有几种代表该纤维特点的关键特性,天然纤维如此,合成纤维也如此。许多新型化纤,如差别化纤

维、功能纤维、超细纤维等更有其特色。抓住纤维的关键特性,充分地利用它,是产品开发及设计获得成功的途径之一。实践中有大量的这方面的事例。

(六)纤维与产品的关系

要恰到好处地运用各种纤维制织各种织物,必须进一步了解不同纤维与织物服用性能的关系,织物特性与纤维的关系,各种纺织产品的要求与纤维的关系以及各类纺织纤维的适应范围等。各种纤维都有其优缺点,不能以某一性能确定其优劣。再说,每一种性能对于整个织物的重要性也并不是相同的,对于不同的织物当然也不一样。

我们常常可以从各种列表的数据看到某种纤维性能的好坏。但也只能说是一种定性的概念,并不能完全表达其性能的全面。对于纤维的基本情况,产品设计开发人员、材料设计师和服装设计师是应该熟悉的。在产品设计开发中如何用好这些性能呢?第一,应按产品要求选择原料,要取其长,避其短,或以一纤维之长补另一纤维之短;第二,抓住关键因素,以求突出产品的主要风格;第三,针对某纤维的弱点,在纺织整理加工和纱布结构上设法弥补;第四,应全面综合考虑各项特性,力求优化组合;第五,采用高功能纤维和特种技术突破常规,这是开发新产品的有效手段。

要获得某种织物特性,需要利用纤维相应的性能,然后选择有关纤维。这是一项技术性很强的工作。在实际设计中还要凭经验和实际数据进一步确定其数值。只有深刻了解纤维、纱线和织物与相应性能之间的关系,做出合理的选择或选用具有特殊性能的纤维与纱线和织物结构,才可能设计并开发出高水平的产品。

这里要强调的是,为了获得满意的性能,应注意:第一,要以织物性能为中心,选择所需原料;第二,要对性能充分理解,掌握原料与性能之间的相互关系,使原料的选择恰如其分;第三,充分利用纤维、纱线、织物以及后处理技术,以获得最佳效果;第四,围绕某一性能,在选用原料时充分估计可能产生的副作用,若影响不大,可以不必顾忌。

以上是常规纤维与常规纺织品之间的关系。对于新型纤维来说,还有许多新的、细的、深层次的关系,值得进一步了解和探索。

例如,纤维截面形状的改变,初看变化并不复杂,但实际上,使纤维的表面积、容积发生了很大变化,纤维的密度、光泽等也随之而变,纤维的许多力学性能和染色性能也会受影响。这些对织物来说,影响的内容和深度更是广泛而深刻。已有大量事实可以证实,如果其间关系不清楚,那么所设计出的产品,不但不能发挥纤维的优势,而且还会适得其反。

同样地,使用细旦和超细旦纤维,似乎只是纤维线密度的一点变化。但事实表明,超细旦纤维不仅本身的许多特性发生了显著的变化,织成的织物,其特性的改变可以达到意想不到的效果。为此,我们在应用高新技术纤维时,不但要了解纤维特性的一般变化,而且还要了解其深层次的变化以及这些变化的后果及其对织物的影响。了解纤维对织物的影响,最好做到定性和定量。应指出的是,各种高新材料,具织物要求质量高、精细、有创新特色,为此,必须精心设计,精雕细琢。既要深刻理解所用的新纤维,又要熟悉纤维与织物之间多方面的关系。只有真正做到知己知彼,才能得心应手。

四、纺织纤维的概念与分类

(一)纤维的概念

纤维是指线密度很细,直径一般为几微米到几十微米,而长度比线密度大百倍、千倍以上，柔韧而纤细的物质。如棉花、肌肉、叶络、毛发等。

自然界中，纤维的种类很多，但并非所有的纤维都可以纺纱织布，只有具备可纺性，能够用于生产纺织制品的纤维才能称为纺织纤维。纺织纤维是各种纺织制品的最小可见单元。从一块布上抽出一段纱线，再将纱线疏松，即可看到一根根细软分离的"丝毛"，这便是纺织纤维。

纺织纤维要用于纺织加工必须具备一定的条件，即可纺性，以满足生产工艺和使用的要求。

1.具有一定的长度和线密度。纤维的线密度和长度应适合纺织加工的要求，在设备允许的情况下，希望长度尽可能长些，线密度尽可能细些，且均匀度要好，这样成品质量就可高些。

2.具有一定的抱合性。纤维间应有较好的抱合性，即纤维容易搓捻到起去，便于成纱，否则纤维相互分离，影响成纱质量。

3.具有一定的力学性能。纺织纤维无论是在纺纱、织造、印染等加工中还是在使用中，都要承受各种机械外力的作用。因此，纺织纤维应具有一定的强度、弹性、变形能力、刚柔性、耐磨性等。

4.具有一定的化学稳定性。纺织纤维一般在水中和普通化学溶剂中不溶解或很难溶解，以免在生产和使用中遭到破坏。

5.具有一定的吸湿性、染色性、电学性能和热学性能。从加工到使用，纺织纤维离不开水、电、热的作用。根据用途和需要，纺织纤维应具有一定的吸湿性、电学性能和热学性能，同时要有较好的染色性，便于印染加工。

(二)纤维的基本分类

纺织纤维的种类很多，一般按其来源可分为天然纤维和化学纤维两大类。

1.天然纤维。天然纤维是指凡在自然界中生长形成或与其他自然界物质共生在一起,直接可用于纺织加工的纤维。天然纤维包括自然界原有的,或从人工种植的植物体中、人工饲养的动物体中或从矿物质中获得的纤维。

(1)植物纤维:从植物的种子、茎、叶、果实上获取的纤维。主要成分是纤维素,并含有少量木质素、半纤维素等,因此它又称为天然纤维素纤维。根据纤维在植物上的生长部位不同,又分为以下几类:①种子纤维:即植物种子表面的绒毛纤维,如棉花、木棉纤维;②韧皮纤维:又称茎纤维,由植物茎部韧皮部分形成的纤维,如亚麻、苎麻、黄麻、大麻等纤维;③叶纤维:从植物的叶子中获得的纤维,如剑麻(西沙尔麻)、蕉麻(马尼拉麻)等纤维;④果实纤维:从植物的果实中获得的纤维,如椰子纤维等。

(2)动物纤维:从动物体上获取的纤维,主要成分是蛋白质,又称天然蛋白质纤维。其分为毛发和腺体分泌物两类:①毛发类:从动物身上获得的毛发纤维,由角质细胞组成,如绵羊毛、山羊绒、兔毛、骆驼毛等;②腺体分泌物类:由蚕的腺体分泌液在体外凝成的丝状纤维,又称天然长丝,如桑蚕丝、柞蚕丝。

(3)矿物纤维:从纤维状结构的矿物岩石中获得的纤维,如石棉纤维,它的主要成分是二氧化硅、氧化铁、氧化镁等无机物,所以又称天然无机纤维。石棉纤维具有耐酸、耐碱、耐高温的性能,是热和电的不良导体,用来织制防火织物,在工业上常将石棉用于防火、保温和绝热等材料中。

2.化学纤维。以天然或合成的高分子物质为原料,经化学制造和机械加工而得到的纤维称为化学纤维。也就是说,将原来不具备纺织性能的物质,经化学和机械处理制成纺织纤维。根据原料来源,可分为人造纤维、合成纤维和无机纤维。

（1）人造纤维：以天然高分子物质为原料，如木材、棉短绒、蔗渣、花生、大豆、酪素等，经化学处理与机械加工而制成的纤维。按照原料、化学成分和结构的不同又可分为：

①人造纤维素纤维：以天然纤维素为原料再生加工而成的纤维主要品种有黏胶纤维、铜氨纤维等。这类纤维经系列化学变化以后，与原始高分子物在物理结构上不同，但在化学组成上基本相同。

②人造蛋白质纤维：以天然蛋白质为原料再生加工而成的纤维，主要品种有酪素、大豆、花生等纤维。过去由于这类纤维性能不好，生产成本高，且原料又都是人类的食品，发展受到限制，但近年来随着科技和生物技术的发展，如大豆纤维等已得到了很好的发展，并有着良好的市场前景。

从经济和实用出发，一般生产人造纤维素纤维，其中大量是普通黏胶纤维，也有少量富强纤维（黏胶的一种）和铜氨纤维。

③纤维素酯纤维：是纤维素酯化形成的纤维，主要是醋酯纤维和硝酸酯纤维。这类纤维属纤维素的衍生物，故又名"半合成纤维"。

（2）合成纤维：合成纤维是以简单化合物为原料（从石油、煤、天然气中提炼得到），经一系列繁复的化学反应，合成为高聚物，再喷丝制成。

合成纤维原料来源丰富，性能优良，品种多样，具有很大的发展前途。目前生产的大类品种有聚酯纤维（涤纶）、聚酰胺纤维（锦纶）、聚丙烯腈纤维（腈纶）、聚丙烯纤维（丙纶）、聚氯乙烯纤维（氯纶）和聚乙烯醇纤维（维纶）。此外，还有许多特种合成纤维，如高弹性纤维氨纶、高强力纤维芳纶、耐腐蚀纤维（氟纶）及耐辐射、防火、光导等纤维。

(3)无机纤维：以无机物为原料制成的纤维，如玻璃纤维、硼纤维、陶瓷纤维、石英纤维、硅氧纤维、金属纤维等。这类纤维具有耐高温、耐腐蚀、高强度和高绝缘等特性。玻璃纤维可用作防火焰、防腐蚀、防辐射及塑料增强材料，也是优良的电绝缘材料。

五、基本纺织纤维的性能与特征

(一)天然纤维

1.棉花。棉纤维是棉花的种子纤维，连同棉籽的称"籽棉"，去除棉籽后称"皮棉"或"原棉"。棉花产量高，纺织性能优良，是纺织工业的主要原料。世界主要产棉国有美国、俄罗斯、中国、印度、巴西等国。根据棉纤维的长短、粗细和强度，可分为三类：①长绒棉：纤维特别细长，长度为33~45mm，品质优良；②细绒棉：纤维长度和线密度中等，长度为23~33mm，品质一般；③粗绒棉：纤维短粗，长度为20mm左右，产量低，质量差，目前已淘汰。

(1)棉纤维的形态结构：一根棉纤维是一个植物的单细胞。正常成熟的棉纤维，纵向呈扁平转曲带状，中部略粗，两端稍细。横截面呈不规则腰圆形，带有中腔。成熟度好的棉纤维，细胞壁较厚，中腔较小，转曲也较多，强度高，弹性好，富于光泽。

(2)棉纤维的特征：棉纤维具有天然转曲，易于抱合，可纺性较好。强度中等，高于羊毛，低于麻纤维。弹性较差，织制的棉布易皱褶。棉纤维的主要成分是纤维素，吸湿性好，成熟的棉纤维标准状态下回潮率为7%~8%，且吸湿后强力增高。取两根棉纱线，先用力将一根拉断，另一根在某一处用水浸润，用同样方法拉断，通过比较可发现，湿棉线比干棉线用力要大一些，且断裂位于干湿分界的偏干处。棉纤维耐热性较好，但防燃性差，耐碱，不耐无机酸。

棉纤维吸湿透气、柔软、舒适且价格便宜，适于制作各类服装，特别是内衣、夏装及婴儿用品，还可用于制作耐穿的工作服、鞋子及装饰品。

2.麻纤维。麻纤维是麻类植物的韧皮纤维或叶纤维的总称。它是人类最早用于衣着的纺织原料,麻纤维的种类很多,可供纺织使用的主要有苎麻、亚麻、黄麻、洋麻等韧皮纤维,其中又以苎麻和亚麻品质为优,质地较柔软,适于织制衣料、黄麻、洋麻等品质较差、粗硬,只能做麻袋和绳索的原料。这里主要介绍苎麻和亚麻。苎麻原产于我国,有"中国草"之称,主要产于长江流域。巴西、印度尼西亚、菲律宾等国也生产苎麻。亚麻根据用途分为三类:纤维用、油用、油纤两用。前者统称亚麻,后两者一般称为胡麻。亚麻的主要产地在俄罗斯、波兰、法国、中国的黑龙江和吉林。

(1)麻纤维的形态结构:麻纤维纵向呈长带状,无转曲,有中腔,两端封闭呈尖状,表面有竖纹及横节、裂节或纹节,这是鉴别麻纤维的主要特征。苎麻横截面呈腰圆形或椭圆形,有中腔,胞壁有裂纹。亚麻横截面呈不规则多边形,也有中腔。

(2)麻纤维的特性:麻纤维主要成分为纤维素,吸湿性极佳,标准状态下回潮率可达12%~13%,且吸湿、放湿、散热快、无贴身感。麻纤维具有天然丝状光泽,但手感较粗糙,刚性大,弹性较差,易生皱褶。麻纤维是天然纤维中强度最大者,耐高温性、抗腐蚀性也很好。

麻纤维适用于夏季衣料,穿着凉爽、舒适。近年来不断对麻纤维进行变性处理,以提高柔软度。将麻纤维与其他纤维混纺则别具风格。麻纤维大量用于室内装饰织物,质朴粗犷。也常用于制作帆布、绳索、水龙带等,坚牢、不易腐烂。

3.羊毛。

(1)天然动物毛纤维的分类:天然动物毛纤维的种类很多。纺织用毛类纤维中,使用量最大的是羊毛,而在羊毛中使用最多的又是绵羊毛,山羊毛中仅一部分能供纺织用。因此,羊毛在纺织上狭义专指绵羊毛。羊毛是重要的纺织原料,世界绵羊毛产量较多的国家是澳大利亚、新西兰、阿根廷和中国。

绵羊毛的品种很多,按羊种品系分,有改良种羊和土种羊。根据羊毛的线密度和长度分为细毛羊、半细毛羊和长毛羊。其中细毛羊的纺织性能和品质最好,纤维细而均匀,毛丛长而整齐,色泽洁白,光泽好,杂质少。如世界上著名的澳大利亚美利奴绵羊毛。我国的新疆细毛羊属改良品种,纤维品质也较好。

(2)羊毛的形态结构:羊毛属蛋白质纤维,由多种氨基酸组成。外观为白色或乳白色,质轻。羊毛纤维具有自然卷曲,纵向呈鳞片状覆盖的细长柱体。细羊毛纤维横截面近似圆形,由三层结构组成。

①表皮层(鳞片层):位于最外层,它像鱼鳞或瓦片一样层层重叠,包覆在羊毛纤维表面,故又称鳞片层。它的作用在于保护内层。鳞片排列紧密,伸出较突出的羊毛,其表面光泽柔和,摩擦系数大,有较好的缩绒性。

②皮质层:皮质层是羊毛的主要组成部分,位于鳞片层内,由许多稍扁类似纺锤形的细胞组成。羊毛纤维的物理机械性能,主要由这一层决定。一般皮质层愈发达充实,羊毛品质就愈好,表现为强度、弹性、卷曲都较好。细羊毛中皮质层所占比例较大。

③髓质层:位于羊毛最里层,结构疏松,充满空气,对羊毛品质有影响。髓质层愈大,其强度、弹性、柔软性、染色性就愈差,纺纱价值也愈低。一般细羊毛没有髓质层,半细毛有断续髓质层,粗毛整根纤维中间沿纵向是髓质层。

(3)羊毛纤维的性能:羊毛纤维具有天然卷曲,纤维较长,且表面有鳞片,利于纺纱时纤维的抱合。由于纤维间蓬松而含空气,导热性又很小,因而保暖性极佳。羊毛纤维强度比棉纤维低些,但弹性很好,使羊毛织物挺括不皱。羊毛纤维吸湿性极强,标准状态下回潮率为15%～17%,且高湿态情况下,吸湿达自重的20%～30%时,尚无潮湿感。

羊毛可塑性好,特别在湿热状态下,便于衣料的定型。羊毛在水、热和机械外力的作用下,由于鳞片的存在,使纤维形成不可恢复的缠结而相互咬合毡缩,这就是羊毛独具的特性——缩绒性或毡缩性。利用这一特点,可织制丰满、厚实、保暖的织物,但也会影响洗涤后的尺寸稳定性,并对织纹清晰的薄型织物不利。羊毛纤维在120℃～130℃干热时,开始分解,强力明显下降,因此,不可干烫羊毛织物,应湿热整烫。碱性对羊毛有破坏性,除热硫酸外,酸对羊毛一般不起作用。此外,羊毛纤维不耐日光照射,怕虫蛀等。

羊毛纤维具有独特的服用性能,可织制各种衣料,特别适于冬季保暖性好的衣料,既舒适、耐用,又美观高雅,深受人们喜爱。羊毛可织制各种装饰品,如壁挂、地毯等,还可织制工业呢绒、呢毯、衬垫等。

4.蚕丝。蚕丝又称天然丝,是天然纤维中唯一的长丝,一般长度在800～1000m。我国是蚕丝的发源地,早在4700年前就开始养蚕、缫丝、织绸。公元前210年,丝织技术传到日本,公元前128年经中亚细亚、波斯、罗马传到欧洲。此后中国的丝绸产品经过此路输向西方,这条商旅要道被誉为"丝绸之路"。后来又经海上"丝绸之路""丝绸之路北路"传到东南亚、中东、非洲等地。

蚕丝分为家蚕丝和野蚕丝。家蚕丝就是桑蚕丝,野蚕丝有柞蚕丝、蓖麻蚕丝、木薯蚕丝等。丝织原料以桑蚕丝居多,还有一部分柞蚕丝。

(1)蚕丝的形态结构:蚕丝的主要成分是丝素(丝朊)和丝胶,其中丝素占72%～80%,丝胶占18%～25%。此外,还含有少量色

161

素、脂肪等。丝素是蚕丝的主体,丝胶包覆在丝素外面,蚕丝吐出时,看似一根长丝,实际上是两根丝素由丝胶包覆而成,截面呈椭圆形,而每根单丝截面则呈三角形或半椭圆形,蚕丝纵向比较平直、光滑。柞蚕丝截面比桑蚕丝扁平,并带有大小不等的毛细孔。未去丝胶的蚕丝带有丝胶瘤节,数根蚕丝经缫丝依靠丝胶粘合而得到的生丝,纵向比较均匀光滑。

桑蚕以桑叶为食。桑蚕丝呈白色半透明状,三角形截面使其光泽明亮,它质轻、细软、光滑、富有弹性。在天然纤维中,桑蚕丝的强度和断裂伸长率都比较理想,强度大于羊毛,接近棉纤维,湿态时强度有所下降。它的吸湿能力大于棉,小于羊毛,标准状态下回潮率可达8%～9%。耐热性比羊毛好,但不如棉花、亚麻。耐光性比棉纤维和羊毛都差,不宜在阳光下曝晒。蚕丝的导热性在天然纤维中最小,保温性好。蚕丝与稀酸溶液不反应,但对碱的抵抗能力很差。

(2)柞蚕丝的特性:柞蚕以柞树叶为食,我国以辽宁、山东、河南、贵州为主要产地,也是世界著名产地。柞蚕丝呈黄褐色,色素不易去除,因而难以染色。柞蚕丝比桑蚕丝粗,强度比桑蚕丝高,且湿态强度增大。柞蚕丝的吸湿性、耐光性、耐酸、耐碱性都优于桑蚕丝,但光泽、光洁度、柔软度却不如桑蚕丝。柞蚕丝衣料有一大缺点:溅上清水会出现水渍。

蚕丝柔软纤细,吸湿透气,最适于织制轻薄飘逸、凉爽舒适的夏季衣料。由于纤维保暖性好,可用于冬季防寒絮料。此外还可织制丝毯等装饰品,是高档纺织原料。

(二)化学纤维

1.化学纤维制造简述。化学纤维的原料由分子组成,成品要求各不相同,制造方法也大不一样,但各种化学纤维的获得,都要经过纺丝液的制备、纺丝和后加工三个步骤。

2.人造纤维。

(1)黏胶纤维:黏胶纤维是人造纤维的一个主要品种。由天然纤维素经碱化成碱纤维素再与二硫化碳作用生成纤维素黄原酸酯,溶解于稀碱液得到黏稠的纺丝液,黏胶由此而得名。普通黏胶纤维(简称黏胶)的主要特征为:①横截面为带锯齿的圆形,有皮芯结构,纵向平直有沟槽;②吸湿性和透气性都比棉纤维好,标准状态下回潮率为13%~5%。吸湿后显著膨胀,制成的织物下水收缩大、发硬;③染色性能好,易上色,色鲜艳,色谱齐全;④耐热性能较好;⑤强度小于棉纤维,吸湿后强度明显下降。湿态强度只有干态强度的50%左右,因此,黏胶纤维不耐水洗,牢度差;⑥耐磨性较差,吸湿后更差。弹性不良,易变形;⑦耐酸、碱性均不如棉纤维。

黏胶分长丝和切断纤维两种。长丝俗称人造丝,用于织制丝绸衣料、被面和装饰织物。强力黏胶丝也用于制造轮胎帘子线和传送带等工业品。切断纤维依长度、线密度和外观分为棉型、毛型、中长型和卷曲型。短纤维可以纯纺,也可以与其他纤维混纺,以改善其不足之处。

(2)醋酯纤维:醋酯纤维是人造纤维的一大品种,它比黏胶纤维轻。醋酯长丝光泽优雅,手感柔软滑爽,有良好的悬垂性,酷似真丝,但强度不高。干强虽比黏胶纤维低些,而湿度下降幅度不像黏胶那么大。醋酯长丝是丝绸和针织业的重要原料。醋酯短纤维用于同棉、毛或合成纤维混纺,织品易洗易干,不霉不蛀,富有弹性,不易起皱。

3.合成纤维。合成纤维的原料均为合成高分子物,因此具有一些共同的特性,如强度大,不霉不蛀,吸湿性较差,易产生静电,易沾污等。普通合成纤维的横截面大多为圆形,纵向平直光滑。纺织服装中常用的合成纤维主要有以下几种。

(1)涤纶:涤纶是合成纤维的第一大品种,学名聚酯纤维,我国商业名称为涤纶,国外也称"达可纶""特丽纶""帝特纶"等。涤纶是1953年开始在世界上正式投入工业化生产的。时间虽短,但由于原料易得,性能优良,衣用价值高,所以发展极为迅速,目前产量已在合成纤维中居首位。涤纶纤维的主要特征是:①强度大于棉纤维,湿强度与干强度相差无几;②耐磨性优良,但易起毛球;③强性很好,不易变形;④耐热、耐晒性较好,但遇火星易熔融;⑤化学稳定性较好,常温下不会与弱酸、弱碱、氧化剂作用;⑥吸湿能力差,标准状态下,回潮率只有0.4%~0.5%。静电较大,易吸尘;⑦染色性不佳,一般染料难以染色。

涤纶纤维的纺织性和服用性优良,用途广泛,可以纯纺,也可与天然纤维和其他化学纤维混纺或交织,风格繁多。近年来低弹涤纶长丝针织物和机织物发展很快。

(2)腈纶:学名聚丙烯腈纤维,我国商业名称为腈纶,国外又称"奥纶""阿克列纶""开司米纶"等。腈纶纤维的主要特性为:

①截面为圆形或哑铃形,纵向平滑或有1~2根沟槽;②比重较小,蓬松,手感柔软,酷似羊毛,有"合成羊毛"之称;③保暖性优于羊毛;④耐日光性在常见纺织纤维中居首位;⑤吸湿性能比涤纶好,比锦纶差,标准状态下的回潮率为1.2%~2%,染色较困难;⑥强度低于涤纶和锦纶,弹性也比涤纶、锦纶差些,接近羊毛;⑦具有独特的热收缩性:经再次热拉伸后骤冷的普通腈纶纤维在松弛状态下受到高温处理会发生大幅度回缩,利用这一特性可生产腈纶膨体纱;⑧耐磨性在合成纤维中较差,尺寸稳定性不够好。

腈纶许多性能与羊毛相似,防腐性优于羊毛,多用来与羊毛或其他化学纤维混纺生产毛型织物,纯纺织制保暖防寒衣料平口毛毯、人造毛皮。常利用其特殊的热收缩性生产膨体纱。它还是绒线的主要原料。

(3)丙纶:学名聚丙烯纤维,我国商业名称为丙纶,国外称"梅拉克纶""帕纶"。丙纶纤维的主要特性为:①比重是常见的纺织纤维中最小的,只有0.918g/cm³,比水还轻;②强度、弹性、耐磨性都较好,可以与涤纶相比。因而含有丙纶成分的材料坚牢耐用,富有弹性;③耐腐蚀性好,对无机酸、碱有很好的稳定性;④吸湿性极小,标准状态下几乎不吸湿,因而丙纶做衣料有闷热感,不舒适。另外,由于纤维不吸湿,织品缩小率小,易洗易干;⑤不易染色,色谱不齐全;⑥耐光、耐热性较差,易老化,熨烫温度不能超过100℃。

丙纶产量在合成纤维中居第四位,以短纤维为主,由于服用性能不佳,只能织制低档服用织物。目前在外衣方面应用也日趋广泛,可与其他纤维混纺织制袜子、外衣、运动衣等。由于制造成本低廉,还大量用于地毯、装饰布、绳索、工业滤布、包装材料、土建布、渔网布等。丙纶做成的纱布不粘伤口。由丙纶中空纤维制成的絮片,质轻、保暖、富有弹性。新型超细丙纶丝是较好的服用材料。

(4)维纶:学名聚乙烯醇(缩甲醛)纤维。我国商业名称为维纶,即通常所称的"维尼纶"。维纶是合成纤维中问世较晚的一种,它的主要性能是:①截面为腰圆形,纵向平直,有1~2根沟槽;②吸湿能力是常见合成纤维中最好的,标准状态下,回潮率为45%~5%;③柔软似棉,性能也与棉花相似,常被用作天然棉纤维的代用品,故又称"合成棉花";④强度、耐磨性均较好;⑤热传导率低,保暖性好;⑥耐腐蚀、耐日光性较好;⑦耐干热性强,耐湿热性差,在热水中收缩大,甚至会溶解;⑧染色性较差,色泽不鲜艳;⑨弹性不佳,易皱褶。

维纶以短纤维为主,大量用于与棉、黏胶等纤维混纺,可制作内衣、棉毛衫裤、运动衫裤等。由于服用性能的限制,一般织制较低档的服用织物。

六、新型纺织纤维和绿色纺织纤维

近年来,随着科学技术的不断发展,人们又开发出了许多新型的纺织纤维,如彩色棉花、阻燃纤维、各种易染色纤维、环保纤维以及各种功能性纤维和高性能纤维等。这些纤维有别于一般的天然纤维和合成纤维,它们具有更全面、更优良的服用性能,有的具有远比普通纤维更高的机械性能和耐热性能等,有的纤维还具有诸如调温、保温、防中子和微波辐射以及会发光、变色等独特的功能。特别是一些绿色纤维还具有"可回收、低污染、省资源"等特点。由于这些纤维材料的出现,传统的纺织、服装行业的原料结构发生了变化,许多纺织纤维制品的技术含量大大增加,使纺织、服装产品的附加值得到提高,也为我们服装材料的开发与设计提供了更为广阔的前景。

(一)特种植物纤维

1.彩色棉花。除了白色棉花之外,自然界也存在着一些彩色棉花品种。在很久以前,人们就曾经种植和利用过彩色棉花。1988年,人们在秘鲁北部兰巴涅克省的一座古代莫其卡人的墓穴里发现了一些棉花种子。后经发芽试验,这些古老的彩色棉花种子长出了褐色和红黄色的彩色棉花和白色棉花。这一考古发现揭示了大约在400年前,南美印加帝国版图内曾经广泛生长过这种有色棉花,古代秘鲁人很早以前就有过栽培五颜六色棉花的历史和技术。

此外,人们发现墨西哥中部地区古代民间也曾有过栽培天然有色棉花的历史。在我国,很早以前也有种植和利用天然彩色棉花的历史。我国曾有一种称为"红花"的土红色棉花,还有一种天然棕色棉花。

虽说自然界早就存在着彩色棉花,但由于天然彩色棉花其纤维通常比较粗短,可纺性能差,不适合机械加工,而且有的天然棉花的颜色太浅,因此,在现代纺织工业中,彩色棉花资源一直未得到人们的开发利用。直至20世纪70—80年代后,随着国际社会对环境问题的日益重视及人们崇尚自然的兴起,科学技术(包括生物技术)也得到了飞速发展,人类才有能力按照我们的意愿去改造和利用这些植物,因此,借助于生物技术的发展,世界各国(如中国、美国、秘鲁、埃及、墨西哥、苏联及中亚一些国家)纷纷开展了彩色棉花的研究,并已取得了初步的成果。

因为天然彩色棉花具有天然的色彩,不需要经过传统的印染加工,由它制成的色纱和纺织品几乎不受任何污染,纱、布上不含有染色料残留的化学毒素,避免了生产过程中的环境污染问题,而彩色的棉纤维也因未被染料腐蚀过,所以强韧度很高,质地坚固耐用。

现世界各国已培育出诸如深褐色、墨绿色、红褐色、淡黄色、淡红色、浅褐色、浅灰色等彩色棉花。世界各国科学家们还想在不久的将来培养出色彩更丰富,纤维韧度更强、更长、更细、更暖和,不折皱,甚至阻燃的彩色棉纤维。

2.罗布麻。罗布麻,又称野麻、茶叶花,它是一种野生植物纤维。由于它适于在盐碱、沙漠等恶劣的环境中生长,因此广泛分布于我国的十几个省、市、自治区,主要集中在新疆、内蒙古、甘肃、青海等地。据不完全统计,我国生长罗布麻的土地约有133万公顷,产量可达10万吨。新疆约有53万公顷,可产罗布麻近5万吨。

罗布麻虽是一种野生的植物纤维,但它是一种具有优良品质的麻纤维。它除了具有吸湿性好,透气、透湿性好,强力高等麻类纤维所具有的共性之外,还具有丝一般的光泽和良好的手感。尤其可贵的是罗布麻产品具有一定的医疗保健性能。已有资料表明，罗布麻织物对降低穿着者的血压有显著效果。因此，在生活水平日益提高，人们越来越重视卫生和保健的今天，罗布麻这种天然纤维原料愈加受到人们的重视。现国内已有多家企业开发了罗布麻及其相关的功能性产品，并取得了成功。

3.菠萝叶纤维。菠萝、凤梨属于凤梨科，在世界上的热带地区和亚热带地区被广泛地种植以获得它的果实。它是世界上最重要的商品农作物之一，其果实被广泛用来制作批量生产的罐装果汁和碎块，或者也作新鲜食用。其主要产地有菲律宾和我国的台湾省，还有巴西、夏威夷、印度尼西亚、印度以及西印度群岛等。

菠萝叶中大约含有3%的菠萝叶纤维。如果将这些纤维按特定的比例代替麻和棉花用在特种纺织品和衣料中，则可以节省下许许多多的棉花。因此，菲律宾、印度等一些国家和我国的台湾地区都进行了菠萝叶纤维开发利用的研究。可以设想，这种纤维以其较低的成本和独特的性能将在纺织工业中被广泛地应用。

从性能上看，菠萝叶纤维具有与棉相当或比棉高的强度（菠萝叶纤维的强度与成熟度关系很大），断裂伸长接近苎麻、亚麻，比棉纤维低，具有很高的初始模量，因此同麻一样不容易伸长变形，具有类似丝光亚麻的手感，它还具有很好的吸湿性能和染色性能。据称这种织物的价格比精细棉、亚麻织物还贵10%左右。它具有良好的外观和手感，可用作男西服、妇女便装、裙衫、女衬衫、室内装饰织物和其他纺织品，在日本市场销售取得了较好的经济效益。

4.香蕉茎纤维。香蕉是一种在热带生长的园艺作物，它的种植面积很广，产量很高。香蕉的果实可供人们食用，其叶子可以用于纸浆造纸和层压板。虽然目前人们还未大规模地利用香蕉叶剥取纤维，但在印度等一些国家已有用香蕉纤维经黄麻纺纱机纺纱并用于制绳索和麻袋。手工剥取的纤维则用于生产手提包和其他花式用品。实际上,香蕉茎纤维在非传统的纺织等领域内将有极大的使用潜力。

据印度一家研究机构对该国几个品种香蕉茎纤维的结构性能测试,香蕉茎纤维具有很高的强度和很小的伸长,其负荷——伸长拉伸曲线与麻、棉纤维比较接近。但香蕉品种不同,强度和伸长性质上存在差异。

香蕉茎纤维还有与苎麻相接近的吸湿性能,它在23℃、65%相对湿度下的回潮率可达14.5%。通过比较我们发现它几乎具有和苎麻、马尼拉麻完全相同的吸湿特征,是具有潜力的一种新型自然纤维。

(二)特种动物纤维

1.山羊毛。山羊的毛发一般分为内、外两层。内层为柔软、纤细、滑糯、短而卷曲的绒毛,称为山羊绒,它是重要的高档纺织原料。外层是粗、硬、长而无卷曲的粗毛,即山羊毛。山羊毛因其粗硬而无卷曲,抱合力差,未经处理很难用于纺织生产。

鉴于上述存在问题,国内许多单位都开展了探索和研究,通过化学变性和物理处理法等,使其手感风格、覆盖性能、弹性等都有所改善,很大程度上提高了山羊毛的利用价值。

2.变性羊毛。羊毛是宝贵的纺织原料,它在许多方面都具有非常优越的性能。但是,长期以来,羊毛只能作春秋、冬季服装的原料,却一直未能真正在夏季贴身服装领域找到用武之地,这不能不说是一大遗憾。随着人们对羊毛服用性能研究的深入,科学家们对羊毛的特性有了更进一步的了解。据澳大利亚联邦科学和工业研究机构(CSIRO)研究证明,羊毛不仅具有通过吸收和散发水分来调节衣内空气湿度的性能,而且还具有适应周围空气的湿度调节水分含量的能力。

要发挥羊毛的特殊效果,使羊毛也能成为夏令贴身穿着的理想服装,必须解决羊毛的轻薄化、防缩、机可洗及消除刺扎感等问题。因此,人们寻找到了一些对羊毛进行变性处理的方法。

羊毛的表面变性处理极大提高了羊毛的应用价值和产品档次,如以常规羊毛进行变性处理,能使羊毛品质在很大程度上得到提高。纤维线密度明显变细,手感变得更加柔软。纤维光泽增强,纤维表面变得很光滑,在一定程度上具有了类似山羊绒的风格。用它制成毛针织品和羊毛衬衫,除了具有羊绒制品柔软、滑糯的风格手感外,变性羊毛制品还有羊绒制品不可比拟的优点。如它有丝光般的光泽且持久,抗起球效果好,耐水洗,能达到手洗;机可洗甚至超级耐洗的要求;服用舒适无刺痒感、纱线强力好而产品比羊绒制品更耐穿。此外,它还有白度提高,染色性好,染色和印花更鲜艳等优点。目前,国内已有不少厂家利用变性羊毛开发了许多高档的羊毛制品。

(三)差别化纤维

差别化纤维通常是指在原来纤维组成的基础上进行物理或化学改性处理,使性能上获得一定程度改善的纤维。在人们充分欣赏合成纤维许多优良性质的同时,合成纤维在使用中,尤其是当衣用、装饰用时的一些不足也暴露出来了。这就促使人们要对化学纤维尤其是合成纤维进行必要的改性。衣着用合成纤维改性的主要目的是改善其与天然纤维相比较的一些不良性能,同时赋予化纤产品的高附加价值。因此,纤维改性总的一条原则是要在保持纤维原有优良性能的前提下,提高或赋予纤维以新的性能,使纤维材料具有更高的综合使用价值和更广泛的用途。结合纤维改性方法上的某些特征,可以将差别化纤维大致分为以下几类。

1.异形纤维。异形纤维是指用非圆形孔喷丝板加工的非圆形截面的化学纤维。虽然普通黏胶纤维、湿纺维纶、腈纶一般也具有不规则非圆形截面,但因其采用圆形喷丝孔板纺丝而成,所以不属于异形纤维。

按照纺丝时喷丝板孔和纤维截面形状,异形纤维可分为三角(三叶、T型)形、多角(五星、五叶、六角、支型)形、扁平带状(狗骨形、豆形)和中空(圆中空、三角中空、梅花中空)纤维等几类。这些纤维对改善织物光泽、手感、覆盖性能、透气性能以及耐污性、抗起球性、弹性等有一定效果。

2.超细纤维。单纤维线密度小于0.44dtex(0.4旦)的纤维称为超细纤维,线密度大于0.44dtex而小于1.1dtex(0.4~1旦)的纤维称为细特纤维。超细纤维组成的长丝称为超复丝,细特纤维组成的长丝称为高复丝。超细纤维产品具有较高的附加值,其织物手感细腻,柔软轻盈,具有很好的悬垂性。透气性和穿着舒适性。现它多用于仿真丝、仿桃皮、仿鹿皮、高级擦拭布、洁净工作服、高档过滤材料等高附加值与高新技术产品。

3.易染纤维。易染纤维也可称为差别化可染纤维(DDF)。所谓纤维"易染色"是指它可用不同类型的染料染色,且染色条件温和,色谱齐全,色泽均匀及坚牢度好。常见的品种主要有阳离子染料可染聚酯纤维(CDP),常温常压阳离子可染聚酯纤维(ECDP),酸性染料可染聚酯纤维,酸性或碱性染料聚酯纤维,酸性染料可染聚丙烯腈纤维,深色酸性可染聚酰胺纤维,阳离子可染聚酰胺纤维等。

4.阻燃纤维。能满足某些应用领域所规定的特定燃烧试验标准的纤维称为阻燃纤维。它主要在有火灾危险或在火灾情况下特大危险的场合使用。如美国、英国、日本等国家先后以法律形式限制了非阻燃织物某些应用领域,即要求包括旅馆、剧院等公共建筑室内装饰、老人服装、残疾者服装、床垫等织物在内的纺织材料都必须达到一定的阻燃标准。

5.高吸湿性纤维。同天然纤维相比,多数合成纤维的吸湿性较差,尤其是涤纶和丙纶,因而严重地影响了这些纤维织物服装的穿着舒适性和卫生性。同时,纤维吸湿性差也带来了诸如静电、耐污性差等一系列问题。改善合成纤维的吸湿性与舒适性可以采用化学改性方法和物理改性方法,通过改性提高纤维的润湿和湿胀能力,或者制成多孔纤维,使其内部形成微孔穴系统来增强纤维从空气中与水中吸湿(吸水)的能力。吸湿性改性纤维主要用于功能性内衣、运动服、训练服、运动袜等产品。

6.抗起球型纤维。为消除或减少合成纤维纺织品在使用过程中起毛和起球的现象而开发的具有一定抗起球性能的纤维品种属于抗起球型纤维。如各种抗起球型聚酯纤维,抗起球型聚丙烯腈纤维等。

7.抗静电纤维。抗静电纤维能够避免纺织染整加工的一些困难,使穿着使用纺织品更安全可靠,尤其是精密电子、易燃易爆化学品等部门应用更广泛,且具有更大的意义。

8.自卷曲纤维。或称三维立体卷曲纤维。这种卷曲纤维多用复合纤维两组之间收缩性的不同而形成卷曲。这种卷曲具有三维立体、持久稳定、弹性好等特点,使这种纤维织物蓬松性、覆盖性能更好。

9.高收缩性纤维。一般地,对纤维进行热处理后收缩率达到15%～40%的纤维称为收缩性纤维。其中,收缩率约20%的为收缩纤维,收缩率高于35%～40%的为高收缩纤维。收缩性纤维主要用于膨体纱产品。

10.有色纤维。在纺丝前或纺丝后进行染色(或着色)的纤维称为有色纤维,涤纶、丙纶等纤维由于染色性差可采用混入或注入色母粒的方法生产有色纤维。

(四)功能性纤维

功能性纤维主要是指具有能传递光、电以及吸附、超滤、透析、反渗透、离子交换等特殊功能的纤维,还包括提供舒适性、保健性、安全性等方面特殊功能及适合在特殊条件下应用的纤维,21世纪的服装材料的革命、服装功能的革命到底能走多远,从某种程度上讲对功能性纤维的依赖很大。

1.阳光吸收放热纤维。20世纪80年代中后期,日本的一些公司开发了一系列利用储存的太阳光和人体辐射放热的纤维产品。例如,日本德桑特公司和尤尼吉可公司合作开发的阳光a纤维。这种功能性纤维具有杰出的吸收可见光和近红外线的功能。将这种纤维加工成服装后,有阳光的日子,服装内的温度可比普通服装高2~8℃,保温效果有明显提高。即使阴天时,阳光a纤维服装内的温度也比普通服装高2℃左右。该产品于1988年秋冬开始投放市场,开发出了包括滑雪服、运动衫、紧身衣在内的多种产品。

2.远红外纤维。在尤尼吉卡等公司研制开发了阳光吸收放热纤维的同时,日本钟纺公司和可乐丽公司等通过在聚酯或聚丙烯中混入具有较高远红外线发射率的陶瓷微粒的方法,也分别开发了具有远红外吸收和辐射功能的新型纤维。这种纤维通过吸收人体发射出的远红外线和向人体辐射远红外线,可使纤维织物的保暖性能较普通织物有较大的提高,保暖率可提高10%~50%。20世纪90年代初,国内有关院校、企业也研制了远红外丙纶短纤维,并用于代替市售太空棉生产远红外棉衬衫,获得了初步的成功。

3.吸湿放热纤维。近些年日本东洋纺织公司利用吸湿放热原理开发了一种发热纤维,它能够吸收人体散发出的水分并放出热量,该纤维所放出的热量是羊毛纤维的两倍。该公司通过控制发热和放热速度使纤维吸附水蒸气后产生的吸附热得以均匀地产生,因此缓慢抑制了服装内的温度变化,从而发挥了纤维的保温防冷效果。

4.紫外线和热屏蔽纤维。这是一种防紫外线纤维,它在遮挡紫外线的同时也能对可见光和近红外线起到一定的屏蔽作用,因此又具有较好的降温效果。阳光下由这种纤维制成的织物内温度可较普通棉织物低2~3℃,使穿着这种织物服装的人明显感到凉爽。因此很适合制作春夏各类服装,如连衣裙、衬衫、T恤衫、运动服和野外工作服等。

5.双向温度调节纤维。双向温度调节纤维具有随环境温度高低自动吸收或放出热量的功能。它将从根本上改变原有纤维和服装的功能,使传统服装具有全新的服用效果。20世纪90年代初,日本的几家公司采用直接纺丝法研制开发了能调温的纤维。如日本酯公司采用纺丝法直接将低温相变物质如石蜡纺制在纤维的内部,并在纤维表面进行环氧树脂处理,防止石蜡从纤维中析出。当纤维处于不同的温度环境时,由于纤维中石蜡的熔融吸热或结晶放热,而使纤维及其织物产生出不同于普通织物的调温效果。

1993年,日本Tringle公司还将石蜡类碳氢化合物封入直径为1.0~10.0μm的微胶囊中,然后与聚合物一起混合纺丝,得到具有可逆蓄热特点的纤维。我国也已开展了对这种调温纤维的研究,并在实验室内取得较理想的效果。可以相信,在不久的将来,这种双向调温功能纤维就会在国内问世,会在宇航服、体育运动服装及一般服装中发挥重要的作用。

6.抗紫外线纤维。以前,人们也开发了一些能遮挡紫外线的纺织品,但这些纺织品一般采取后整理加工在织物表面涂敷抗紫外线剂的方法,这样制成的纺织品其抗菌性、抗紫外线性和耐洗涤性很差。1991年夏季日本有家公司推出了一组涤纶防紫外线产品,其中包括纯涤纶女衬衫、涤棉运动服、工作服、制服、窗帘以及遮阳伞等。在这些产品中,用到了一种新开发的抗生素紫外线涤纶。该纤维采用在聚酯中掺入陶瓷紫外线遮挡剂的方法制成。这样制成的防紫外线纤维不仅具有很高的遮挡紫外线的性能,其紫外线遮挡率可达95%以上,而且还有很好的耐洗涤牢度和良好的手感。

7.防X射线纤维。最近,国内有的纺织院校利用聚丙烯和固体X射线屏蔽剂材料复合制成了具有防X射线功能的纤维。由防X射线纤维做成的一定厚度的非织造布,对X射线的屏蔽率随X射线仪器上的管电压的增加而有所下降;而它的屏蔽率又随非织造布平方米重量的增加而有一定程度的上升。这表明由聚丙烯为基础制成的这种防X射线纤维做成的非织造布,对中、低能量的X射线具有较好的屏蔽效果。

8.防微波辐射纤维。微波的防止一般采用金属材料,但因其过于笨重而很少有人穿着。为了解决这一问题,近几年来国内纺织研究机构利用金属纤维与其他纤维混纺成纱,再织成布,开发了具有良好防辐射效果的防微波织物。其中所用的金属纤维既可以是纯粹由无机金属材料制成的纤维,也可以是以金属纤维的表面涂上一层塑料后制成的纤维,或者是外包金属的镀金纤维。这些纤维有柔曲性好、强度高的特点,而且还具有对电磁波和红外线的反射性能。由它们制成的防辐射织物除了具有防辐射的性能外,通常还有质轻、柔韧性好等优点,因此是比较理想的微波防护材料,可用作微波防护服、微波屏蔽材料等。

9.变色纤维。

(1)光敏变色纤维:光敏变色纤维又称为光致变色纤维,它可以根据受外界光照度、紫外线受光量的多少,使纤维色泽发生可逆性的变化。该纤维制品不仅对光线十分敏感,而且湿度变化也能够引起颜色变化,当光线照射时,颜色可由一种色彩变化为另一种色彩,可以用作部队伪装用的纺织品,还能用于测定空气中的湿度等。近年来,许多服装企业还将它运用在休闲服、时装、T恤或服装的某一局部,既可使服装色彩或纹样在不同环境下有所变化,同时也具有防伪作用。

(2)热敏变色纤维:热敏变色纤维也称高温变色纤维,它能随温度的升高而显示出与常温下不同的颜色。

10.香味纤维。香味纤维是一种能持久地散发天然芳香,产生森林气息的纤维。由于20世纪80年代,日本、欧美等一些发达国家兴起了崇尚自然、追求健康的热潮,并因此而开始流行所谓的森林浴。在这种市场需求的刺激下,20世纪80年代中期,日本一些公司相继开发了一些芳香纤维和香味纺织品。

例如,日本三菱人造丝公司于1985年开发成功的一种空型芳香纤维——库利比65,它以聚酯为皮层,而以掺有天然香精的聚合物为芯层,构成中空多芯结构,将4根芯体分别分布在空中部分的周围。这种纤维所用香料以唇形科薰衣草香精油或柏木精油为主,如具有精神安定作用和适宜的香型,它由选配的50余种分子混合精制而成。这样制成的纤维,主要的特点是具有淡雅的森林型的芳香,且香味持久,能持续3个月以上。据日本睡眠生理学权威机构分析研究证明,库利比芳香纤维具有促进睡眠舒适和精神健康的作用,它可以用于睡衣、床上用品及棉絮等一些产品中。

继三菱人造丝公司开发出库利比65芳香纤维,可乐丽公司开发出拉普泰托芳香纤维后,日本帝人公司于1990年又开发了一种新型的森林浴纤维"泰托纶GS"。这是一种将柏木精油加入皮芯纤维芯部制成的聚酯短纤维。这种纤维能缓慢释放天然香味,使用这种纤维制品的房间内,充满林木清香的自然气息,让人产生一种森林浴的感觉,同时具有去臭、安神、去痰、兴奋神经和降压的作用。用它可以制成絮棉、针刺地毯和芳香窗帘、芳香睡衣等。这种纤维制成的产品具有比库利比65好得多的香味持久性。它经干洗和水洗后,其香气不降低。经两年使用后,芳香强度几乎没有明显变化,森林浴效果据研究可以持续3年以上。

(五)绿色纤维——Tencel

随着国际环保思潮的兴起,纺织纤维、服装材料包向环保、节能、健康安全方面发展。许多生物分解型纤维亦成为未来纤维的主流。欧、美、日等发达国家在此领域已领先一步。英考陶尔兹公司于1989年第一个研制成功全新的无污染人造天然纤维——Tencel纤维。绿色纤维除了Tencel短纤外,还有奥地利兰精公司生产的Lyocell短纤维、阿克苏·贝尔公司生产的Newcell长丝等。Tencel纤维属精制纤维素纤维,用"溶剂纺丝法"生产,是以木浆、水和溶剂(氧化胺)混合,加热到完全溶解,在溶解过程中不会产生任何衍生物和化学作用,过滤后经纺嘴直接纺成。98.5%的溶液可循环再利用,氧化胺溶剂无毒,对人体无害废弃的Tencel纤维在泥土中能完全分解,大大降低了对环境的污染。

Tencel纤维以针叶树为主,可在一些不能种植农作物及放牧的土地上种植,再加上砍伐树木后,会再种植同等数量的树木以保护自然生态,因此,砍伐树木以取其纤维素,对自然环境绝对不会造成损害。

Tencel纤维干、湿强力都很大,干强远超过其他纤维素纤维,与聚酯纤维接近,湿强约为干强的85%,湿强仅下降15%,比一般黏胶纤维湿度下降更为稳定,这说明Tencel纤维能随机械作用力及化学药剂的处理,不易对织物造成损伤。该纤维除具有天然纤维本身的特性外,还具有良好的吸湿性(吸水70%,与棉纤维吸水50%,黏胶纤维吸水90%相比,恰到好处)、舒适性、光泽性、染色性及生物降解性等。

由于Tencel纤维的干湿强力都大,因此其织物不易破损,且耐用。由于其分子排列紧密程度比棉和一般黏胶纤维大,因此,其织物使拥有独特的柔软光滑感,经原纤化后具有桃皮绒感且丰厚,富有弹力,具有悬垂感和挺度。加之又能与棉、毛、麻、腈、涤、锦等混纺或交织,可以环锭纺、气流纺、包芯纺,分别纺成各种棉型和毛型纱、气流纱、包芯纱等,因此,可开发出高附加价值的机织,针织时装织物及运动服织物、休闲服织物、牛仔织物、装饰织物、产业用织物等。

服装材料用织物都是由纱线织成的,其外观和性能都与纱线密切相关。

七、服装材料与纱线

(一)纱线的基本概念

纱线是纱与线的总称,由纺织纤维经纺纱加工而成,具有纺织特性且长度连续的线型集合体。

纱纤维纱与成单股或单根的称为纱或单纱。纱是由短纤维(长度不连续)沿轴向排列并经加捻纺制而成的,或是由长丝(长度连续)加捻或不加捻并合而成的连续纤维束。

两根或两根以上的单纱并合加捻后称为线或股线。根据合股纱的根数,有双股线,三股线、四股线等。股线再合并加捻就成为复捻股线,如缆绳。

纱线是从纤维到织物的中间环节(非织造布除外),它可用于机织布、针织布及制线、制绳等。

(二)纱线的分类

纱线种类很多,性能各异,分类方法也各不相同,一般可从以下几个方面来分类。

1.按原料组成分类。

(1)纯纺纱线:由一种纤维原料纺成的纱线,如纯棉纱线、纯毛纱线、纯黏胶纱线。

(2)混纺纱线:由两种或两种以上不同种类的纤维原料混合纺成的纱线。目的在于取长补短,提高纱线的性能,增加花色品种。

混纺纱线的命名根据原料混纺比而定,比例高者在前,若比例相同,则按天然纤维、合成纤维、人造纤维的顺序排列。混纺原料间以分号"/"隔开。如65%涤纶与35%棉混纺,写成涤/棉65/35。50%羊毛与50%腈纶混纺,写成毛/腈50/50。若含有稀有纤维,如山羊绒、兔毛、马海毛,不论比例高低,一律排在前面。

(3)交捻纱线:由两种或两种以上不同纤维原料或不同色彩的单纱捻合而成的纱线,目的在于改进纱线的性能,产生装饰效果。

(4)混纤纱线:利用两种长丝并合成一根纱线,以提高某些方面的性能。如醋酯长丝和涤纶长丝并合成一根纱线,可提高强度和抗皱性。

2.按纤维长短分类。

(1)短纤维纱线:由短纤维经纺纱加工而成的纱线,如天然纤维中的棉、毛、麻纱线均为短纤维纱线。化学纤维可制成短纤维纱线,如黏胶、腈纶短纤维纱线。

(2)长丝纱线:由一根或数根长丝加捻或不加捻并合在一起形成的纱线。天然长丝纱线如蚕丝,化纤长丝纱线如人造丝、涤纶丝、锦纶丝。其中由单根长丝构成的称单丝,由两根或两根以上长丝构成的称复丝。

3.按纱线粗细分类。对于短纤维纱线:①粗号(低支)纱线:指线密度在32tex以上(18英支以下)的纱线,较粗;②中号(中支)纱线:指线密度为20~30tex(19~29英支)的纱线,粗细中等;③细号(高支)纱线:指线密度为9~19tex(30~60英支)的纱线,较细;

④特细号(特高支)纱线:指线密度在9tex以下(60关支以上)的纱线,很细。

4.按纱线形态结构分类。

(1)普通纱线:具有普通外观结构,截面分布规则,近似圆形,如单纱、股线、复捻股线、单丝、复丝、捻丝、复合捻丝。

(2)花式纱线:具有特殊外观结构的纱线,具体分为三种。

①花式纱线:纱线截面分布不规则,结构形态沿长度方向发生变化,可以有规则,亦可有随机的,如竹节纱、结子纱、毛圈线、螺旋线等。

②花色纱线:纱线的色彩或色泽沿长度方向发生变化。一根纱线上呈现两种或两种以上色彩,这种色彩分布可以是有规则的,也可以是无规则的,如混色线、段染线、双色或多色螺旋线。

③包芯纱:以长丝或短纤维为纱芯,外包其他纤维一起加捻纺制而成。如涤棉包芯纱,以涤纶复丝为纱芯,外包棉纤维,其外观可多种多样。

(3)变形纱:也称变形丝。利用合成纤维受热塑化变形的特点经机械和热的变形加工,使伸直的合成纤维变形为具有卷曲、螺旋、环圈等外观特征的长丝。变形纱根据其特点分为两类。

①膨体纱:以蓬松性为主,利用腈纶的特殊热收缩性制成。由高收缩纤维和低收缩纤维两部分组成。生产时将高收缩纤维与低收缩纤维按一定比例混合后纺纱,再将纺好的纱在100℃以上的湿度中进行汽蒸热松弛处理,这时高收缩纤维沿长度方向收缩成为纱芯,而低收缩纤维则被挤到表面成为圈形,使纱条蓬松而柔软。膨体纱体积蓬松,手感丰满,有弹性,用于制作绒线、仿毛呢料和针织内外衣、帽子、围巾等。

②弹力丝:以弹性为主。利用合成纤维的热塑性改变纱线结构而获得良好蓬松性和弹性的纱线。一般分为:①高弹丝:大多

用假捻法加工而成,具有较高的伸长率和良好的伸长弹性,适用于弹性要求较好的紧身弹力衫裤、弹力袜等,原料以锦纶为主;②低弹丝:用高弹丝进行第二次热定形处理加工而成,具有适度的弹性和蓬松性,适用于弹性要求较低,但外观、手感和尺寸稳定性良好的针织和机织外衣材料及室内装饰材料,原料以涤纶为主。丙纶低弹丝常用于制作地毯。

5.按纺纱工艺、方法分类。

(1)按纺纱工艺分类:有精梳纱、粗梳纱和废纺纱。精梳纱是经过精梳加工纺制而成的,与粗梳纱相比,纤维短和杂质少,纤维伸直平行,纱的条干均匀光洁度好,多用于织制较细薄、高档的织物。

(2)按纺纱方法分类:

①环锭纱:指用一般环锭纺纱机纺得的纱。

②新型纺纱:包括自由端纺纱的气流纺纱、静电纺纱、涡流纺纱和非自由端纺纱的自捻纺纱。新型纺纱线的结构不同于环锭纱,所以性能也有所不同。

6.按染色加工分类。可分为:①原色纱:纱线未经染色加工,保持纤维原色;②漂白纱:纱线经过漂白加工,成为白色;③丝光纱:纱线经过丝光处理,分丝光漂白纱和丝光染色纱;④染色纱:原纱经过染色加工成为色纱;⑤色纺纱:纤维先经过染色再纺成纱。

7.按产品用途分类。可分为:①机织用纱供织制机织物的纱线。上述各种纱线均可用于机织生产,根据织物品种选用;②针织用纱:供织制针织物的纱线,要求纱线的线密度均匀;③缝纫线:供缝制服装、鞋帽、包袋等用的纱线;④编织、编结纱:用于编织、编结服装、装饰品等;⑤特种工业用纱:用于工业生产,对性能有特殊要求,如轮胎帘子线;⑥绳索用线:用于生产绳索,要求强度高,抗腐蚀性好。

(三)纱线线密度的表示方法

1.特数制。单线线密度相同时,股线线密度以单纱线密度乘以合股数表示,如16×2tex,表示由两根16tex单纱组成的股线;单纱线密度不同时,股线线密度以单纱线密度相加表示。如(16+18)tex,表示由一根16tex和一根18tex单纱组成的股线。

2.支数制。单纱支数相同时,股线支数以单纱支数除以合股数表示。如42/3公支,表示由三根42公支单纱组成的股线;单纱支数不同时,则将单纱的支数并列,用斜线分开。如40/60,表示由40公支和60公支两根单纱组成的合股线。

(四)纱线的捻度概念

纱线的物理机械性质,是由构成纱线的纤维性能和成纱结构决定的。加捻是影响纱线结构的重要因素,经加捻后,可使纱线具有一定的强度、弹性、手感及光泽等。

捻度是指纱线沿轴向、单位长度内的捻回数,是表示纱线加捻程度的指标。法定计量单位为"捻/m"或"捻/10cm",即以1m长度或10cm长度内的捻回数来表示捻度。捻度不同,纱线的强力、弹性、伸长、光泽、柔软性等都有差异。

(五)纱线的捻向概念

加捻纱中纤维的倾斜方向或加捻股线中单纱的倾斜方向称为捻向,分"S捻"和"Z捻"。

1.S捻。加捻后,自下向上看,纤维或单纱自右下向左上倾斜为S捻,或称右捻,顺手捻。

2.Z捻。加捻后,自下向上看,纤维或单纱自左下向右上倾斜称为Z捻,或称左捻、反手捻。

(六)纱线结构对服装材料的影响

在设计服装材料时,其外观、手感、性能、成本等因素较为重要。视觉和触觉效果常常是材料给人的最初印象,而纱线对材料的视觉感受——外观和触觉感受——手感,起着举足轻重的作用。

1.纤维长短与服装材料。纱线中纤维的长短影响纱线外观,从而影响材料风格。短纤维提高蓬松性和覆盖能力,并且有一定的粗糙外观。花式纱线依其特点可使材料具有丰富而独特的外观和手感。

2.纱线的线密度与服装材料。纱线较细,可织制细薄、紧密、光滑的材料。若纱线较粗,材料的纹理则较粗糙,质地也较厚重。若织制起绒类织物,纱线应稍粗。纱线线密度的均匀性直接影响材料外观。若粗细不匀性较大,会造成材料表面不平整,厚薄不均,光滑度不佳。纱线线密度还影响材料的物理机械性能,如强力、拉伸性、弹性、耐磨性等。

3.纱线的捻度与服装材料。纱线捻度对服装材料的许多方面都有影响。捻度增大,则材料光泽减弱,手感变硬,蓬松度下降,表面较光洁。强力则随捻度增大而增大,但超出临界值则强力反而下降。捻度大的纱线,缩水率大,染色性不好。因此,不同的材料对纱线的捻度要求不同。绒类织物,捻度要小,便于起绒。滑爽感强的织物,则捻度要大,如巴厘纱、乔其纱。若线捻度过小,则易起毛起球或勾丝,特别是合成纤维织物。

4.纱线的捻向与服装材料。纱线的捻向与服装材料的外观手感有很大关系。利用经纬纱捻向和织物组织相配合,可织造出组织点突出、清晰、光泽好、手感适中的织物。利用S捻与Z捻纱线的间隔排列,可使织物产生隐条、隐格效应。此外,利用强捻度及捻向的配置,可织造皱纹效应的材料。

第五章 服装装饰工艺

第一节 装饰工艺概述

在服装美的整体设计效果中,装饰往往是美化服装的重要手段。设计师除了要把握服装的造型特点、材料特性及色彩的运用之外,还经常把工艺装饰作为重要环节,有些服装效果几乎完全通过装饰来加以表现。

随着新材料与工具的开发、设计的展开,新的工艺技法也随之出现,并且从现在的工艺领域渗透到更广泛的领域中。因此,要经常不断地进行技术开发,制作出独创的、表现力佳的时装。

一、装饰的分类

装饰工艺作为现代服装设计的重要元素,其内容和形式丰富多样,根据装饰的形态,可分为平面型、浮雕型和立体型。

1.平面型装饰:这类装饰工艺只有线条和面积,没有厚度感。如装饰性的线迹、平面刺绣、镂空等。

2.浮雕型装饰:有些装饰会在服装表面形成一定的凹凸,犹如浮雕一般。如传统的滚嵌镶苕工艺、填充绗缝、布浮雕、盘扣、绳带绣等。

3.立体型装饰:这类装饰有独立的立体形态,强调装饰物自身的造型设计。如造花工艺、荷叶边、结类装饰、缀挂装饰等。

二、装饰的美感

1.图案美。装饰的基本元素就是图案纹样,虽然图案可以直接由面料制造获得,但游离于面料之外的附加装饰更能突出图案的魅力。日本设计师高田贤三曾在大面积的服装平面上进行装饰,鲜活的色彩和花卉图案,各式图案、镂空、分割或拼接如梦幻般在其设计中散发着迷人的魅力。

2.肌理美。除了图案表现外,装饰还可以形成凹凸、褶皱、曲线和浪势等肌理效果。另外,一些装饰材料本身就具有特殊的质感,如亮片、水钻、珠管等,随着光影的变化和观察者角度改变而呈现出变幻的状态。装饰可以极大地丰富面料以外的肌理。时装设计大师克里斯汀·拉克鲁瓦就是善于运用繁复的装饰手法形成强烈的立体视觉效果的高手,对各种装饰形式的大胆取舍利用,形成了强烈的表面肌理效果。

3.造型美。立体型装饰和配饰品为了烘托着装气氛,起到点缀的作用,往往都在造型上下足功夫。饰物的独具匠心就是卡尔·拉格菲尔的一大特点,他曾经在女式上衣上俏皮地饰以缝纫工具造型的装饰物,也曾经以乐器作主题,用琴键、班卓琴或圆号的形象制成饰针。还曾在为"柯劳耶"设计的最后系列里,以各种五金水暖工具模型制成项链、帽饰,装饰在端庄文静的款式里。

4.风格美。装饰形式定位于服装风格。对于服装来说,风格是服饰形象给人的一种具有象征意味的整体印象,是某个概念的表现形式,而不同的服装风格往往是由于采用了不同的装饰形式而加强了这种风格在消费者心中的定位。国际经典服装品牌香奈儿就运用了简洁的装饰形式造就了其品牌简练、高雅、精美的风格。镶边的粗花呢套装,多串的人造珍珠项链,串皮带的金属链,山茶花装饰成为香奈儿时装的特有标志,成功地塑造了其永恒的优雅形象。

三、现代纤维艺术设计的工艺

(一)缬缋工艺

目前见到的最早印花织物,是湖南长沙战国楚墓出土的印花绸被面。长沙马王堆和甘肃武威磨嘴子西汉墓中,都发现有印花的丝织品。缬是印花织物的通称,有绞缬、蜡缬和夹缬。

绞缬,即扎染,是中国古代防染技法之一。将布帛按规格折褶成菱形、方形、条纹等各种形状,用线、绳缝、结扎,然后用染液浸染,晾干后拆去线结,缚结之处就呈现出着色不充分的有规则的图案,花纹疏大的叫鹿胎缬或玛瑙缬,细密的叫鱼子缬或龙子缬。这种防染法最适宜染制点花和条格纹,也能染出复杂的几何纹及十字花形、蝴蝶形、海棠花形等,还可用套染的办法染制五彩花纹。

蜡缬,即蜡染,属防染法。用白、黄蜡及松香按一定比例加热熔化,以蜡刀或毛笔在布帛上绘制图案,再浸染、搅动,蜡花开裂,染液顺着裂缝渗透,出现了自然裂纹,再加温漂洗即成。蜡缬是中国古老的印染技艺,把蜡染和刺绣结合起来,可构成形式多样的蜡染工艺品。

夹缬,是防染印花法。它是用两块对称的镂花夹版将织物夹紧再施色,染后花纹对称。日本正仓院迄今还保存着我国唐代的"花树对鹿""花树对鸟"夹缬屏风。

画缋就是古人在纺织品上描绘或刺绣花纹的技艺。奴隶社会和封建社会,天子、百官公卿的礼服、旗仗、帷幔、巾布等,都要按照礼制绘绣各种图案花纹,用五色即黑、白、青、赤、黄描绘图案或刺绣图案,画缋是印染的前身。

(二)缬染工艺

远古时期人们就用矿、植物染料对纤维品进行染色,并在实践中掌握了多种染料的提取、染色等工艺技法,创造出七彩斑斓的纤维品。这些纤维品不仅是生活品,也是享誉世界富有民族风格的艺术品。居住在青海柴达木盆地诺木洪地区的原始部落,就能将毛线染成红、褐、黄、蓝等色,织出色彩装饰纹样的毛布。

商周时期,宫廷手工作坊中设有专职的官吏,管理染色工艺。《诗经》里提到织物颜色有"绿衣黄里""青青子衿""载玄载黄"等。汉代,染色技术高超。湖南长沙马王堆、新疆民丰等汉墓出土的丝织品,虽已埋葬了两千多年,但色彩仍然绚丽如新。当时的染色法一是织后染,如绢、罗纱、文绮等;二是先染纱线再织,如锦等。新疆民丰东汉墓出土的"延年益寿大宜子孙""万年如意"锦等,充分反映了当时染色、配色的高超技术,为研究古代丝印染色工艺提供了宝贵的不可多得的史料。

我国古代染色用的染料,是天然矿物或植物染料。古代将原色青、赤、黄、白、黑称为五色,将原色混合得到间色。掌握了染原色的技法后,用套染不同的间色,提供了创作的源泉,丰富了纤维色彩。

在传统的染绣织纹样中色彩深暗的锦缎,还使用金、银色线等极富装饰色彩的线来钩衬,反光强,富丽生动,它们处于织物的纹样边缘上,用其反光性对其他色相起着明显的衬托和对照反差作用。

缬染是现代丝绸印染的前身,可分为手工缬染和型版缬染两大类别,又可细分为手工描绘和凸版与镂空版进行压印和拓印工艺。蜡染印染工艺是通过物理、化学方法对纺织品进行染色和印花的传统工艺。

我国传统染色最早可以上溯到旧石器时代的元谋人、蓝田人、北京人和山顶洞人。在远古,先民们已经发明了原始的染色技术,他们把穿了孔的贝壳、石珠等连接起来并用赤铁矿研磨成红色制作装饰品,这是染色技艺的萌芽状态。六七千年前的河姆渡文化和仰韶文化,创造了器型优美的彩陶文化,编织了竹席、草席,也织造了鲜艳的红色麻布、丝帛。在新石器时代,青海柴达木盆地诺木洪地区的原始部落,不仅能把羊毛漂染,织成毛布,而且能把毛线染成红色、褐色或蓝色。他们还能织出带有彩色条纹的毛织品。

古代的染色原料,除矿物质颜料如丹砂、粉锡、铅丹、大青、宝青、赭石等之外,还有植物染料茜草、红花、紫草、绿草、黄栀等。两千多年前,中国的染色技术已经有了严格的标准色谱,并以其区别尊卑贵贱。

(三)织锦工艺

织锦是一种极贵重而精美的丝织物。东汉刘熙《释名》说,"锦,金也。作之用功重,其价如金,故其制字从帛与金也"。它主要用来制作宫廷御用的服装。锦一直为人们所珍重,在人们心中是吉祥、美好、智慧和幸福的象征,锦又是馈赠朋友的珍品。织锦还有一门类织锦缎,它是传统的精品纤维织物,它以真丝作经,人丝作纬,交织出熟织物。图案精致、色彩绚丽、质地厚实、柔软光滑。少数民族的棉织也称锦,有傣锦、黎锦、土家锦与苗锦等类别。

(四)缂丝工艺

缂丝是中国著名的、特有的、历史久远的传统手工艺,它具有通经断纬的特殊工艺特点。织绣工艺的发展,促进了缂丝工艺的提高。北宋时宜州(今河北定县)的缂丝最为驰名。随着政治、经济、文化中心的南移,缂丝技艺开始在松江、苏州一带流传,除宫廷有御用缂丝艺人之外,苏州缂丝已经形成了特有的风格。缂丝运用结、掼、勾、抢技法,在传统的基础上改变用色,改进了抢(镶)色技巧,有其独特的工艺特点。它是以生丝为经线,用彩色熟线作纬,纬线成曲纬状,采取通经断纬的织造技法,在图案和素底结合处,呈现一处小裂痕,又因使用抢色技法,用各种颜色的丝线补上,在二色衔接处形成线槽,产生了浮雕效果,好像是刻出的图画,也叫"刻丝"。

整个工艺为落经(线)、牵经、套筘、弯结、嵌后抽经、拖经、嵌前抽经、捎经面、挑交、打翻头、拉经面、墨笔画样、织纬、修剪毛头,达到正反一致。缂丝工具简单,只有木机和梭子、拔子及竹筘,但织造方法相当复杂。凡花纹处都要局部挖织,色线多少就需多少梭子。要想缂制一件好作品,除图案复杂、色彩丰富之外,还有技法变化繁多,换梭频繁,这样才能达到预期的效果。根据缂制材料不同,可分为缂丝和缂毛等。

(五)刺绣工艺

中国是一个具有悠久历史的文明之国,丰富的文化遗产是取之不尽的宝藏,刺绣艺术便是其中之一。刺绣工艺品以其本体的语言表达方式,形成特有的艺术效果,在纤维艺术创作门类中脱颖而出,它沿用了传统手工艺技巧,用不同质地、颜色、肌理的碎布缝绣或贴补以及绗缝技法,称之为布艺刺绣。布艺除本身具有的技艺之外还应有艺术性。

刺绣类纤维品与现代空间装饰紧密相连,它的材料特性以及细腻表现是从建筑与生态环境的角度来考虑的。刺绣类纤维品在吸收传统工艺技法的同时,注重独创性,在材料的运用上根据创意需重新染制。

传统的刺绣以彩色丝、棉在丝质绸缎、绢、纱、棉布等面料上绣制,采用多种针法,富有极强的表现力。传统刺绣分为写实和装饰两种风格,写实风格的有花鸟、静物、风景、人物;装饰风格的有花卉、植物等图案,还分为欣赏性的绣画和生活品两大类。刺绣工艺是一种细致的传统手工艺。传统的补绣工艺是利用布色的变化分割画面的空间,又用刺绣方法统一和协调画面各部分之间的关系,使整个构图在统一中求变化。在刻画装饰性的同时也注重保留材料本身的质朴感觉,赋予其朴素的内涵。绣品一般采用传统的套针刺绣方法,在色线的运用方面去发现和创造美,努力探索内容与形式、材料与技法之间的关系,使之和谐统一,以臻完美。

刺绣工艺还有金银彩绣等工艺。它是用金、银线在绣好花纹的边线及结构处勾描,并盘在花纹的表面。金银绣富于特有的装饰风格。在绣线内部,铺垫棉花、绒布使绣面突起,为加强丝线的光泽,还以黑、棕、灰、青、绛红等深暗色彩绣制图案,配以传统吉祥内容,使金银彩绣工艺更富于民族特色。

刺绣工艺品类繁多、技法多样、绣艺精美、题材广博、寓意深邃、色彩华贵,因此被称作手工艺品的经典。中国刺绣与历史、文化、民俗、科学与美学密切关联,内涵丰富,在世界文化遗产中占有极其重要的位置。中国刺绣分苏绣、湘绣、粤绣、蜀绣四大绣派。

苏绣以苏州为中心,在顾绣的基础上发展起来。它的图案内容广博,如人物、花鸟、山水;形象秀丽,色彩典雅,技法多样,常用套针、枪针、打子、拉梭子、盘金、网绣、纱绣等,绣艺精湛,具有平、光、齐、匀、和、顺、细、密等特点,特别是乱针绣、双面绣名扬海内外。

湘绣以湖南地区为中心,在荆楚织绣的基础上,吸收了苏绣的细腻表现手法而发展起来。湘绣以参针最具特色,俗称"乱插针",还有齐针、花针、游针、钩针、刻针等技法,能够绣出神形,以至于嗅觉之灵气。湘绣的特点是用丝绒线绣制,色彩丰富,极富立体感,生动逼真,风格粗犷。

粤绣以广东地区为中心,并且绣工男性居多。其特点根据造型的需要选择色彩繁多的绣线,技法简约,绣线蓬松,针脚参差,针纹重叠,辅以金线盘绕覆盖,绣品雍容华贵,光彩夺目,与黎族织锦如出一辙。

蜀绣以四川成都为中心。绣线以出自成都织造的红绿等色缎和自制的散线为主,绣品色质厚重,淳朴自然,富于情趣,多以生活品出现,观赏品少。花纹图案以花鸟为主,针法以套针为主,结合斜滚针、施流针、纺织针、朋参针等,平直庄重,色彩明亮,具有浓郁的民间吉庆色彩。

近代中国刺绣名家辈出,如沈寿、赵慧君等人。其中,沈寿的成就最为突出,她是苏州人,字雪君,号雪宧,7岁学绣,15岁时即以绣艺出众而闻名。1903年慈禧七十寿诞时,沈寿进呈其精工绣制的条屏《八仙上寿》通景屏和《无量寿佛》绣屏,得清政府重视,任南通女子师范学校女工传习所所长等职,教授刺绣工艺技法。经张謇记录整理后出版的《雪宧绣谱》,是我国刺绣工艺史上的一部系统而完整的理论专著。

(六)抽纱工艺

抽纱工艺技法繁多,针法多变。主要有十字绣、贴布、抽丝、挖旁布及钩针通花等,其中钩针通花最具特色,钢针上下翻转钩绕各色纱线而织成花边。它的民俗特征有生活用品、馈赠礼品、岁时风物、定情信物。绣品造型质朴,特征鲜明,构图饱满,对比强烈。

抽纱是织绣工艺中的一个种类,在纤维材料上运用编、结、抽丝、扣锁、雕镂等方法,配合刺绣等工艺技法制成的工艺品,大体分为绣花、补花、编结和混合四类。而以绣花和编结流行最广,最具特色,纹样图案多以纳福迎祥为题材,图案丰满,层次丰富,工艺精美,以广东潮汕地区为典型代表。

(七)海绵工艺

海绵具有强有力的层次、弹性感,既可修剪粘贴,也可缝纫包裹,还可用于布艺的内衬。布是纤维艺术创作使用的基本材料,具有生动活泼的韧性,可垂盖、压皱、折叠、挤压、打褶、打结、悬挂、包裹;可裁剪、卷折、撕裂缝纫;还可补拼、缝缀与装饰。既能扩展亦能缩挤,加以绣、染印、彩绘或烧灼及海绵的内衬运用,现代缝纫技艺的导入,使布产生了奇特的起伏关系。海绵布贴内衬工艺在现代纤维艺术创作中能使作品层次突出,立体感强烈,具有极好的装饰性。

(八)枪绣工艺

枪绣工艺壁毯是用电动绣枪上下穿织创作出来的,以较粗的颗粒状纤维组成色面,有很强的肌理感,袁运甫先生称其为"软质马赛克",但缺乏层次感。枪绣工艺有其局限性,由于绣枪的编织速度较快,织线形成的颗粒大,不适合表现精细的画面。枪绣可使用较粗的羊毛、混纺或腈纶色线穿织,不适合太细的各类色线。枪绣工艺壁毯没有经纬线,而是绣枪直接打在底布上,还可用胶粘贴于其背面。其肌理是未剪断的点状肌理和剪断织线而形成的绒状肌理。两种肌理既可以独立应用,又可共用在一块壁毯上,使枪绣形式活泼多样,生动自然。点状肌理吸光性比绒状肌理稍弱,因此,作者可根据需要决定采用何种肌理表现形式。

(九)机绣工艺

20世纪三四十年代,随着工业化的发展,现代工业文明的代表之一缝纫机在纤维品创作中的运用大大提高了效率。往往工业化生产缺乏人性化的理念,而纤维作品风格理性平直,没有一定的层次,缺乏生动的艺术手法,很容易与工业化生产结为一体。机绣工艺在现代纤维艺术创作中多用以缝合、拼接处理花边及背部,或用于较大规模地生产工艺品。

(十)编织工艺

编织工艺是用各类纤维材料作纬线,在经线上缠绕或用不同工艺特点编织,形成块面。纬线可在单根或多根经线上缠绕编织,多种编织工艺可形成不同的肌理,如斜纹、绞纹、品字纹、珠纹、人字纹、袈裟纹等。

我国先秦时期工艺美术专著《考工记》中记载,"天有时,地有气,材有美,工有巧,合此四者,然后可以为良"。简要论述了材料与设计之间的相互关系。

(十一)绗缝工艺

绗缝是创作纤维艺术的一种技法。拼、补、绗、缝为最基本的制作工艺。绗缝源于民间,其出发点是为了节约布头、碎块,而将各色、各类布头、碎料拼补在一起,形成各色各类综合的具象或抽象的图案,具有很强的装饰性、审美性和随意表达情感的装饰特征。

绗缝的工艺制作有着独特的艺术性,它以拼缝、绗线和灵活多变的补花塑造块面,强调"面"是轮廓或色彩,少用或填充海绵及其他柔软物质,塑造复杂而丰富的图形,表现装饰的设计风格,既能强调塑造绗线,强调装饰作品单纯简单的概括造型效果,又能体现完美的绗线作用。

四、现代纤维艺术设计的技法

纤维编织、编结技法是从先民们遮体之物及用绳索搓捻生活需求的技法中演变而来,是一门古老的工艺技法,在纤维艺术设计中广泛应用。可根据构思选择不同的工艺技法。纤维编织编结技法可分为缂丝技法、织锦技法、缬染技法、十字绣技法、编织技法、栽绒类技法、编结技法、型染拓印技法、钩针编结技法、布贴技法、机绣技法、综合技法、刺绣技法等。

(一)编织技法

编织技法是用纤维材料作纬线,在经线上缠绕或编织,形成块面。纬线可在单根或多根经线上缠绕编织,而且多种编织方法可形成不同的肌理,如斜纹、珠纹、品字纹、人字纹、袈裟纹等。

1.斜纹编织法。斜纹是倾斜排列,可左、右斜排。缠绕的方法是前面挑四根经线,后绕两根经线,行与行之间错落排列。斜纹的长度可大可小,但绕经线的数目为双数,便于均分。

2.珠纹编织法。用纬线缠绕单根经线,形成点排列,后面跳两根经线,绕前面一根经线,就有算盘珠的纹理,并自上而下排列成竖条点状的纹理。可在单根缠绕的基础上,将单根变为双根。还可加强珠形的立体化,在每一排珠纹之间夹编一根细纬线。

3.品字纹编织法。品字纹编织法是将两根纬线间隔经线缠绕盘结,第二层缠绕平分错开,上下三个缠结组成为品字形。品字纹缠绕的经数为双数,最多不超过8根。

4.人字纹编织法。纬线在经线上、下两层相反的斜纹错一根经线缠绕,形成人字形。人字纹可单根纬线单根经线编织,也可多纬多经编织。

(二)裁绒技法

由经线与纬线交织成平纹组织,在经线上拴结不同长度的绒线,绒线的簇拥形成绒面,因每个绒头的拴结栽植在平纹组织上,故称之为裁绒。裁绒可分手工、枪刺。手工有正"8"字扣结、倒"8"字扣结、马蹄扣结。枪刺分为破头、圈绒。

1.正"8"字扣与倒"8"字扣编结法。绒结如正"8"字和倒"8"字,交叉前后两组经线,绒结在后经线上结绕,形成正、倒"8"字,将另一组经线提到前面打粗纬线,还原后再打细纬线。正"8"字扣的绒结绕在后经线上,而倒"8"字扣的绒结绕在前经线上,受经线间距的限制,裁绒线根数少于同道数的正"8"字扣的裁绒线。

2.马蹄扣编结法。分单经、双经和四经马蹄扣,是分别间隔一根、双根和四根经线上打马蹄形的结。

3.枪刺栽绒编结法。枪刺栽绒用手动或电动的针刺机,将绒线刺扎在底衬上,在底衬的背面形成U字形栽绒。枪刺栽绒没有编结,必须由胶来粘接,又称之为胶背壁挂。枪刺栽绒根据织物的性质分为破头和圈绒。枪刺栽绒用料省,成本低,操作便捷,速度快。

（三）**编结技法**

编结技法是以各种造型的结,既编又结的技法,可编结平面或立体造型。编法有排压法、缠绕法、绞编法、收边法、加编法、盘制法等。古代结绳记事创造了传统技法——结,通过线的穿绕形成线之间的错落结构。结法有基本结、多样结、吉祥结和钩针结等。

1.排压法。垂直或斜向经纬交叉、互相排压编织而成。缠绕法用一种纤维材料缠、绕、穿、包裹另一种纤维材料。

2.绞编法。将多股绳为一组作横向编织的纬线,与经线交叉编织,编时多股向经线挑压,再将多股纬线相绞,圆形多用此编法。

3.收边法。使编织物边口加固的技法,一般为折转、挑压或塞头,俗称锁边。

4.加编法。将编织物的单股或多股在编织过程中根据构图需要加长、加粗、加厚的延续编织法。运用此编织法不需将编织物重新制作。

5.盘制法。将纤维材料进行圆或曲线盘绕、重叠、交叉再进行贴堆。

6.基本结。基本结可分云雀结、平结、双半套结、单半套结、流苏、卷结等。

7.多样结。多样结是几种以上的基本结重复构成变化而来的。

8.吉祥结。是用多重编结法来表现中国传统纳福迎祥之物的结。形式对称,风格严谨,多为圆形,技法采用编、抽、修、缝等。如藻井结、十字结、中国结、团锦结、如意结以及鲤鱼结、龙凤结等结法。吉祥结分单线、多线编结法,也可与其他材料进行混编。

9.钩针编结。用钩针钩结而成的纤维品。技法变化多样,基本钩法有上针和下针、拨针等。在基本钩法的基础上变化织成了罗纹编织、绞花、网眼花、花结与枝叶、提花图案,还有回针、扭针、背针、锁针及收针等技法。

第二节　常见装饰工艺

一、刺绣

一般认为刺绣始于古埃及,发展于古代东方。早在公元前2850年的古埃及,就出现了串珠刺绣。古巴比伦、古希腊时期,金银线刺绣、缝缀宝石都是当时流行的装饰。刺绣更是我国的主要服装装饰工艺之一,全国各地都有独树一帜的刺绣技艺。高度发达的东方刺绣经爱琴海诸岛传入东欧和北欧,造就了新的北欧刺绣。发展到今天,电脑绣花技术逐渐成熟,更多地出现在成衣加工中,也出现了更多表现形式。

按照材料来分,刺绣有线绣、串珠绣、亮片绣、绳绣、缎带绣、镜绣、贴布绣、混杂绣等。

1.线绣的应用最为广泛,有平面的、有填芯立体感的;有细的、粗的,疏的、密的;还有复合的等,针法有三百多种。线绣适宜表现各种图案,可精致,可粗犷,色彩丰富。

2.串珠绣就是把串珠、贝壳等珠管状饰品缝钉在服装上,极其华美。

3.亮片绣是用各种形状的亮片缝缀在服装上,亮片越多,折光性越好。尤其是用于晚装时,好似繁星点点,熠熠生辉。

4.绳绣就是将装饰绳固定在服装表面,做出各种图案。最初用于宗教服装,16世纪后被用于礼服、大衣和家具装饰。

5.缎带绣和绳绣较为相似,缎带固定的同时可以折叠、抽碎褶或编结。缎带有美丽柔和的光泽,刺绣后富有阴影,折叠可产生立体感,这是其他刺绣所不具备的。

6.镜绣是印度、巴基斯坦、阿富汗的游牧民族的代表工艺。起初是用云母片、小镜子等代替昂贵的宝石绣缝在服装上,后来逐渐成为一种特殊的方法。

7.贴布绣也叫贴花,将布或皮革剪成图案缝在底布上,可以平贴,也可加入填料构成浮雕贴绣。

8.混杂绣也就是混合了以上各种材料和手法,不拘泥于单一的材料的刺绣形式。

二、编结

编结由远古时代的结网技术发展而来,它是用手或工具将线、绳带、布条等通过拧、捻、织、锁、卷、绕、结等方法构成装饰物。编结主要有棒针编织、钩编、流苏、结饰等。棒针编织和钩编创造出与梭织面料不同的新材料——针织物。

结饰中最为典型的是蝴蝶结和中国结。蝴蝶结虽然结法简单,却能变化出各种气度。中国结则以结式繁复多变、古典吉祥取胜。

三、镂空

与其他装饰工艺不同,镂空是一种减法设计。就好似剪纸一般,在织物或皮革上去掉一定面积形状,利用空洞构成图案。镂空的方式主要有抽纱、雕绣、刺破、剪切等。

抽纱即抽掉纱线,把布的经纱、纬纱抽掉,再把剩下的纱线锁缝成各式花样。雕绣则是在刺绣的基础上,剪掉多余的面料,或者先镂空后锁绣,镂空后,面料不脱散,绣缝线也不散架。抽纱和雕绣也属于刺绣工艺。

镂空剪切装饰中有一个有趣的形式,名为斯拉修。斯拉修是裂口、切口的意思,指流行于15—17世纪服装上的裂口装饰。这种切口装饰,也叫雇兵步兵风格(landsknechts),原本是用刀、剑等兵器砍劈或割伤的意思。那个时期的欧洲战争不断,各国君主为了巩固自己的权力纷纷招兵买马,将大量的雇佣军投入战斗,这其中最骁勇善战的是德国和瑞士的士兵。由于长期的作战,他们的衣服常常被磨损得破烂不堪,所以他们只能临时从战利品或敌人的军服上撕下一些碎布片,来填塞和缝补衣服的破损处。战争结束后,雇佣兵们穿着这些光怪陆离的衣服回到家乡。于是,这些衣服便和英雄们一道,被家乡的人们尊重和效仿起来,人们拿起剪刀将好好的衣服和裤子划得"伤痕累累",以表示对英雄的敬意。有趣的是,这些"切口"中露出内衣的服装在一番细细地打量之后,竟被发现别有一种美感。就这样,所谓"切口"装饰不胫而走,风靡欧洲,并于1530年前后达到流行的顶峰,成为文艺复兴时期男女服装上很具时代特色的一种装饰。

切口装饰发展到极致的时候,几乎全身上下都布满了"伤痕"。切口可以装饰在身体的任何部位,也可以组合成各种图形,而切口处暴露的内衣无论在质地上或颜色上都是十分讲究,甚至有人在里面缀满了珠宝。

四、绗缝

绗缝就是一种缉压明线的装饰,既可以单纯地进行明线线迹装饰,也可以填充绗缝,表现浮雕效果。这种装饰方法手工意味较强。

五、布浮雕

这种工艺既不同于刺绣,也不同于花边,而是将布缝抽出褶皱,因有浮雕状肌理效果,所以叫布浮雕,也称为缩皱缝。借助面料褶皱产生的膨胀、阴影、纹理的变化,加强了服装空间的层次感,设计时多侧重立体造型和空间表现。其主要形式有司麦克(smock)、褶皱、荷叶边等。

司麦克是欧洲传统民族服装的装饰手法,大多在白色的面料上用彩色的刺绣线缝出漂亮的褶饰,既有细密的褶裥,又有缝线形成的几何图案。加工的方式有手工缝缩和机器压褶。手工褶皱往往更能表达设计者的意图,一般预先设计好抽缝线路,然后用缝线、系扎、打结等手段,来获得立体形态。

六、造花

花饰永远是女装的点睛之笔。利用各种材料制造永不凋谢的花朵就是造花工艺。造花大多采用仿生设计,直接模拟自然界中的花卉。材料和工艺是造花设计的两大主要因素。材料直接影响花朵的质感,柔软、硬挺、绒面、光滑、轻盈、厚实等,形成的美感也就大相径庭了。工艺则影响花朵的结构和造型,平贴的、叠加的、堆积的、卷曲的等,花朵的形态随之千姿百态。

七、拼缝

破破烂烂也是一种美,拼缝就是这一类。拼缝源于打补丁的旧衣服,或是直接用零布头缝缀起来的"百家衣"。设计师有意识地选择小块面料,拼接成整件服装,分割可以规整也可以无规律。面料的色彩、图案、质地可以相似,但要能明显区分出边界,否则拼缝的感觉就减弱了。

八、缀挂

缀挂是将立体装饰物的一部分固定在服装上,另一部分呈悬垂或凌空状态。常用的缀饰有流苏、花结、珠串、金银缀饰、挂饰等。流苏在中国汉代就曾出现,以五彩毛线编结而成的穗子,用作车马装饰。后来,帝王祭服、妇女的云肩、官吏冠帽上等也有以流苏为装饰的。流苏悬垂的穗子,长而飘逸,富有浪漫气息。现代服装设计中,采用金属线、珍珠、亮片、形态各异的天然或人工石头等进行缝缀,可产生绚丽的装饰效果。缀饰装饰动感、空间感很强,会随着穿着者的运动,呈现出飘逸、灵动的审美效果。

九、滚嵌镶荡

这是中国传统的镶边装饰工艺,滚、嵌、镶、荡分别是其中的四种手法。中式服装历来结构简单,设计的重点就在于装饰。尤其是清代服装,装饰烦琐之极,流传有"十八镶滚"的说法,其装饰工艺的精湛不亚于一件精美的艺术品。

第六章 纤维装饰艺术在服装设计中的应用研究

第一节 纤维装饰艺术设计的发展

一、古代纤维装饰艺术设计

纤维装饰艺术源远流长,其纤维编织是人类历史上最早的一种艺术。据记载,大约在4000年前,埃及和巴比伦就有了羊毛编织壁挂。

现存最早的实物是公元前15世纪埃及人留下来的作品,其织造技术和现代的哥白林工艺十分相近。这是一种以天然纤维毛或棉作经线,用彩色羊毛为纬纱织出的富于装饰性的双面织物,是世界上最古老的手工纺织技艺作品。

在我国,纤维编织的源头可以追溯到人类之初。据考证,早在旧石器时代中期,许家窑的先民们便使用以植物韧皮或动物皮条编结网兜的"抛石索"。编结又用于捕鱼,即《周易·系辞下》所载:包羲氏"结绳而为网罟,以佃以渔,盖取诸离",这即是原始的编织技术。在良渚文化早期,人字纹、十字纹、菱形花样等运用已达到一定水平,为编织技术的发展奠定了坚实的基础。

春秋战国时期,编织技术有了新的突破,丝织品已具有地方特色,如长沙战国楚墓出土的锦有深地红黄色菱纹锦、褐地红黄矩纹锦、朱条地暗花对龙对凤纹锦、褐地双色方格纹锦等。湖北江陵出土的战国锦古朴富丽,颜色多达六种,其中舞蹈、人物、动物纹三色锦纹样最为复杂,由七个单位组成横贯全幅的花纹,经向长 5.5cm,纬向宽 49.1cm,经纬密度 156×52 根/cm²。这些作品可以表明当时我国纤维装饰艺术品图形和编织技术已经形成。秦汉时期,毛纤维材料在纤维制品中的应用也相当成熟,如新疆出土的葡萄纹和龟甲纹的毛织物,表明当时已经能用纬纱起化技术织造各种花纹的毛织物,纤维编织技术达到一定高度。"南北朝时期栽织毯织法传到中原地区,用简单机械生产的S形打结法的地毯出现了。"

在西方,从中世纪开始,纤维艺术在欧洲各国得到迅速普及,西欧的教堂里出现了很多具有东方风格的丝织壁挂。与此同时,织物与绘画相融合的壁挂织造工厂相继在法国和比利时等国建立,并不断扩展其规模。当时,许多一流的画家和宫廷画师同时也是纤维艺术品的设计者,他们根据教堂、城堡以及其他各种建筑的不同环境特点,创作出各种规格的纤维作品。这些作品既有着防潮、御寒、保暖等多项实用功能,又具有绘画性、装饰性、纪念性的观赏价值。

与此同时,我国的隋唐五代是封建社会的鼎盛时期,这一时期的生产力在各个方面都有空前的发展,给后世以深远影响,也是手工业技术快速发展的时期。纤维作品的编织技术从早期的简单编织纹中以平纹经线显花,到以一组纬线与两组经线交织而成斜纹的纬线显花的纬锦,再到两组纬线与一组经线交织而成的纬显花织法,显花的织法逐渐占优势,而多综多蹑与束综提花相结合,能织出更为丰富多彩的花纹织物,同时还出现了只有彩纬往复而省去通纬的缂毛技法。这一技法是对经纬交替编织技法的突破,创造性地拓展了古代纤维艺术的表现力,至今仍在沿用。

12—16世纪是欧洲哥特式艺术风格的盛行时期(哥特式艺术

风格是夸张的、不对称的、奇特的、轻盈的、复杂的和多装饰的,以频繁使用纵向延伸的线条为特征)。这一风格特征反映了基督教的时代观念和中世纪城市发展的物质文化面貌。这个时代是欧洲纤维艺术作品发展的黄金时代,纤维艺术作品是教堂和城堡中大面积石壁上最重要的装饰品,其表现内容取材广泛,除宗教题材之外,还有骑士狩猎和田牧歌等生活场景。这一时期产生了以《奉告与祈祷的启示录》为代表的一些经典之作。《奉告与祈祷的启示录》是由法国宫廷画师设计和巴黎壁挂名匠制作的耗时惊人的巨幅作品,是法国现存最古老、最大幅面的壁挂。

在我国,这一时期纤维艺术品也得到进一步发展,宋代在唐代原有编织技术的基础上走向完善和成熟,在选择材料上有较大的发展,图形方面也有其特点。唐代的图形设计以艳丽、豪华、丰满为其特点,宋代图形设计则以轻淡自然、端重庄严为其突出的时代风格。图形的构成形式出现了二方连续、四方连续、散点式、团花式、折枝花式、几何纹等。元代图形总体上仍是两宋传统的继承和发展,但同时打上了较深的西域文化、蒙古文化的烙印。明清时期,在北京建立了专供皇室享用的地毯织造工厂,清代地毯工艺得到进一步的发展,形成不同特色的风格,如新疆地毯属于轻薄型羊毛栽绒地毯,图案为中亚风格的细碎几何纹,其中新疆和田地毯是东方地毯的代表之一。在清代,和田地方官吏向朝廷的供品中都有地毯,至今故宫博物院尚陈列有和田地毯。

和田地毯图形别致,风格独特,色调高雅,在图形结构上充分体现了东方民族的艺术特色,它多以植物花朵、枝叶及有趣味的各类动物为基本造型,加以夸张变形,并辅以有变化的几何形构成,富有浓郁的民族特色。另一具有代表性的是京式地毯,其是在中国的传统文化氛围中孕育而成,它在图形、构图和表现技法等各种设计语言方面广泛吸收了青铜器、玉器、书画和雕刻等其他门类的历代工艺美术作品之精华,形成了自己独特的艺术风格。

随着时间的推移,在京式地毯图形风格的基础上,又先后派生出美术式、古纹式、民族式等风格的作品。它们作为纤维艺术的组成部分,体现了纤维艺术作品当时的发展状况。

与中国相比,在19世纪下半叶的欧洲,西方纤维艺术家开始追求模仿油画的效果,逼真细腻地追求色彩层次,一幅作品的色线竟达几百种,同时还嵌入金银丝。金碧辉煌的空间效果极大地迎合、满足了当时统治者炫耀华贵的心理需求。这种仿制油画的制作形式,一直延续并影响到现代。

二、现代纤维装饰艺术设计

现代纤维装饰艺术萌芽于20世纪早期。1919年,德国创建的设计学校——包豪斯,在其设计理念之一"实现艺术与技术的新统一"的倡导下,开始探索现代设计的教学与实践,在建筑、绘画、纺织工业设计等领域都实行了对材料和工艺的研究。有才华的画家、建筑师、雕塑家纷纷加入这一运动,涌现出了一批早期的纤维艺术家。这个运动催生了新的建筑观念、新的造型观念以及对结构、空间的观念,同时极大地促进了纤维艺术的发展。包豪斯的艺术家们认为,纤维艺术作品的境界应该是用材料来创造超越材料的思想,强调建筑与材料、建筑与人的精神、建筑与社会的和谐关系,从而使传统的纤维艺术作品在色彩和编织结构、编织造型上出现了新的形式和面貌。

1933年8月,包豪斯彻底解体之后,一些被德国法西斯迫害的纤维艺术家纷纷移居美国及其他国家,重新推广并进一步开发现代纤维艺术的领域。如曾经任教于包豪斯的阿伯斯教授和夫人安娜到美国任教后,以他们的纤维艺术作品和艺术理念影响了许多艺术家,使现代纤维艺术在美国蓬勃兴起。

从20世纪20年代开始,法国著名纤维艺术家让·吕尔萨是纤维艺术的开拓者,是第一位真正把现代设计观念和新的装饰性融入纤维艺术中。他主张纤维艺术作品要与时代精神相一致,并与现代环境相结合,使纤维艺术作品的面貌焕然一新,从此,纤维艺术作品进入了一个崭新的阶段,从让·吕尔萨在1920年创作的具有纪念碑意义的纤维作品《世界的歌》中,我们能够深刻地感受到这位现代纤维艺术先驱者的追求。

吕尔萨的作品不仅表达了现代纤维艺术设计的观念、思想情感,而且以现代装饰的图形、色彩及象征主义的艺术手法,丰富和强化了纤维艺术的表现力,改变了以前纤维艺术作品移植绘画的传统模式。在他的倡导和影响下,纤维艺术的创新在国际范围内得到空前的发展和迅速的提高,尤其是在表现形式方面,出现了从具象到抽象、从平面到立体、从室内到室外等富于创造性的纤维艺术作品。随着时代的发展和观念的更新,纤维艺术从此走向了一个多元化发展的时期。许多纤维艺术家在探索纤维艺术作品与绘画的融合、织物与雕塑的构成以及纤维艺术与建筑空间的综合表现力等方面,显示出他们独特的想象力与创造力。

当现代纤维艺术在欧洲各国蓬勃兴起之时,让·吕尔萨创作风格的作品深深地打动了美国人,美国艺术家也潜心探索纤维与编织的种种表现形式。如艺术家葛哈特·若代尔与辛西亚·薛拉,都是在传统织物的领域中致力于编织技术的改革与创新。他们在纤维艺术领域里都有艰辛的创作史,并勇于接受新技术的挑战。而其他画家及雕塑家则利用现代纤维艺术作品的形式来拓展他们的创作语言,透过传统的编织技术,探索最现代的课题,促使观众关注到织物及观念的本质,这种趋势对当时纤维艺术的发展起到了极大的促进作用。

现代纤维艺术遍及世界各地,其艺术家通过相互联系与影响来展示自己的研究与发现,使古老的纤维艺术走向一个多元化发展的时期。无论是平面形式的壁挂艺术,还是立体形式的软雕塑艺术以及建筑空间中的纤维构成艺术等,以其丰富的内涵,强烈的个性,为人们的审美视野拓展出新的领域,极大地丰富了造型艺术的表现语言。

三、现代纤维装饰艺术设计在中国的发展

近几十年来,现代纤维装饰艺术在中国得到迅速发展,涌现出了一批优秀的工艺美术家,作品风格可分为南北两派。北派的代表人物有袁运甫、温练昌、常沙娜等,他们在设计中注重装饰,从传统纹样和民间艺术中汲取营养,创作出具有强烈民族气魄的纤维艺术作品,奠定了北派纤维艺术的主流。南派则以杭州为中心,其发展受万曼的艺术影响颇多,形成了既有中国风土气派,又呈现出国际化趋势的南派纤维艺术风格。

改革开放初期,从事纤维艺术的都是老一辈的艺术家,他们逐渐摆脱了"千篇一律""集体化"的行为,激发了古老手工编织艺术的兴起,艺术家们在经、纬之间找到了艺术创作的灵感与渴望,同时,古老手工编织艺术又唤醒了艺术家对未来美好生活的期盼。由于特定的环境,艺术家思考得更多的不是如何体现感受和材质,而是如何编织,如何反映题材、内容,强调的是画面、主题性设计,还没有摆脱绘画创作的方法,对材质与形式的感召力还没有足够的认识;对材质与内容、形式与肌理、艺术与技术还不能做到很好地体现与把握;表现手法和形式单一,主要是单个设计、平面化形式,没有虚实变化,没有细腻化的刻画,也就是用简单工艺的手段来表现画面,而不是相互结合、合而为一。

20世纪80年代中期是中国现代纤维艺术发展的一个极为重要的历史阶段。保加利亚籍的国际著名纤维艺术家瓦尔班诺夫·万曼先生,为我国纤维艺术事业的发展做出了重大贡献。

他的作品追求对材质肌理的体现,厚重而质朴。他来中国讲学和创办工作室,培养了一批年轻的纤维艺术家,并亲自指导了1985年中国首届壁挂艺术展。1986年,在他的指导下,中国的三件作品《静则生灵》《寿》《孙子兵法》首次参加瑞士洛桑国际壁挂双年展。1987年作品《寿》,参加第十三届瑞士洛桑国际壁挂双年展,实现了中国现代壁挂艺术走向世界的零的突破。中国现代艺术家梁绍基在作品《孙子兵法》中,以土黄、棕绿色调的棉麻进行编织与编以竹简的汉书形式的组合,用具有中国传统文化的材料所形成的特定图像,充分表现出这部古老兵书特殊的历史含义与艺术魅力。

中国特有的传统文化以富有时代感的壁挂形式在世界艺坛中引起注意,中国现代纤维艺术从此走向世界这一时期的纤维艺术创作,风格趋向于多样化,既有追求毛感的厚重,也有追求麻感的质朴;既有追求色彩的仁富变化、严谨的造型,也有追求肌理外观的特征、材质对比的表现。艺术家尽可能地发挥经、纬编织这一独特的艺术语言,用不同的材料来塑造形体,以表达人们的精神世界,充分展现艺术与技术相结合所产生的内在魅力,并不断挖掘编织技艺与艺术创作手段所发挥的特长。与以前相比,对材料的理解更加深刻,增加了编织艺术的语言,对形象的表达不再简单,而是强调对意境、情感的追求,可以说,是工艺完善了艺术,艺术促进了工艺,使我国纤维装饰艺术达到了一个新的境界与高峰。

这一时期,很多画家、工艺美术家及艺术院校师生纷纷走进壁挂和软雕塑的新领域。1984年由中国工艺美术总公司和中央工艺美术学院主办,在中国美术馆举办了"首届中国壁毯艺术展",在中国美术界引起了不小的反响。此后,"软雕塑艺术展""袁运甫壁毯艺术展""88年壁毯艺术展"(参展人数和作品最多的一次）、"上海现代纤维艺术展"等展览先后推出了一批带有标志性的作品。

20世纪90年代末，高科技迅猛发展，新材料不断涌现，人们的生活逐渐步入小康，对美的追求也产生了很大的变化，对系列配套作品的需要，使纤维装饰艺术的领域不断得到扩展，单个的、墙面的作品已不能满足现代人的需求。现代纤维装饰艺术设计材料既采用毛、丝、棉、麻、棕、藤等天然材料，也使用化学纤维、金属、塑料、纸等人工材料。纤维装饰艺术作品创作根据不同意境对不同材质的运用，变换着工艺，改变了经、纬技艺单一表现的局面。虽然材料的发掘及利用很丰富，但是更多的是堆砌，多数材料还没有真正找到合理的表现语言。在建筑环境的装饰上，人们注重硬质材料的运用，而轻视软性材料的作品运用，这对纤维装饰艺术的发展有一定的限制。现在，纤维装饰艺术品设计只限于作品本身的设计，缺少与空间环境整体的、有机的结合。

北派以清华大学美术学院林乐成教授为主开设的纤维壁挂课，主要以欧洲最古老的哥白林为研究内容，在对欧洲哥白林艺术语言的探索中，重新认识到织物与绘画的真正价值。林乐成教授的创作、教学和策展活动，无不促进着中国纤维装饰艺术教学与创作面向国际、面向社会、面向市场的发展，使其逐步实现了跨学科、跨专业、跨领域的互动与超越。南派则以中国美术学院开设的"纤维与空间艺术工作室"教学模式，逐步形成了当代艺术教学中极富特色和具有开创性学术方向的教学研究体系。在南、北两派的带动下，中国其他地区的院校也相应出现了一些纤维的课程，在教学方面有了新的突破。

每两年举办一次的洛桑国际壁毯艺术展，对中国的纤维装饰艺术向多元化发展起到了推动作用，其形式从平面向立体发展，材料从天然材料向光纤材料发展，传统编织向各种技法融入方面发展等。在继承传统的同时探索前沿,逐渐形成以意识形态层展开的纤维艺术创作,使纤维装饰艺术原本单一的形式风格向多元化的风格方面发展。

第二节 纤维装饰艺术的分类和主要形式

一、纤维装饰艺术的分类

纤维装饰艺术创作材料的空前丰富以及社会需求的多元化,使纤维装饰艺术品的形式变得十分丰富,根据不同角度和标准对纤维装饰艺术品可进行不同的分类。

从对纤维装饰艺术作品内容的知觉信息角度分类,可以分为具象纤维装饰艺术品和抽象装饰纤维艺术品。

从对纤维装饰艺术作品的形态特征角度分类,可以分为平面纤维装饰艺术品和立体纤维装饰艺术品。

从对纤维装饰艺术作品的制作材料角度分类,可以分为软质材料纤维装饰艺术品和硬质材料纤维装饰艺术品。

从对纤维装饰艺术作品的制作工艺角度分类,可以分为编结纤维装饰艺术品、刺绣纤维装饰艺术品、缝缀纤维装饰艺术品、蜡染纤维装饰艺术品、扎染纤维装饰艺术品、手绘纤维装饰艺术品、拼贴纤维装饰艺术品、金工纤维装饰艺术品等。

从不同的角度对纤维装饰艺术作品进行分类有一定的界定方式,从而使学习者及研究者都更容易学习并准确掌握。

二、纤维装饰艺术的主要形式

纤维装饰艺术的形式不是孤立的,它的形式受到各方面的制约。纤维装饰艺术品与环境的协调,并不是将它的材料、色彩、样式简单地融于室内环境之中,而是要求它在特定的室内环境中,其艺术表达形式能与室内的整体风格、文化氛围协调统一。

纤维装饰艺术品的具体形式有很多,在与环境的关系上,特征形态是运用各种动、植物纤维(如毛、丝、麻、棉等)、人造纤维(如化纤、尼龙、金属丝等)或直接使用各种纤维成品,采用编、织、环结、缠绕、包裹、捆绑、粘贴、排列等多种手段进行设计创作,它可以是平面的也可以是立体的。纤维装饰艺术的形态结构可概括为两大类:第一类为平面形态,主要以墙面为主;第二类为立体形态,主要包括属于三维空间的具有立体造型的软雕塑形式的艺术作品。

(一)平面的纤维装饰艺术

传统平面纤维作品是由埃及古老的游牧民族发明的。在当时的游牧民族中,有些能工巧匠,用手纺毛线编织成毯子,可以起到抵挡寒风、隔音等作用。这些毯子主要是实用功能,随着人们生活水平的提高,毯子在传统生活中的实用功能逐渐降低了,而其作为房屋环境一部分的装饰功能则渐渐增强,以至于成为一种平面形态,成为以装饰功能为主的壁挂。

现代纤维装饰艺术虽然有多样性,但却一直以平面形式为主流。平面纤维装饰艺术,亦称挂毯、壁挂,英文为 tapestry 或 hanging,该概念指悬挂在墙面上的各类纤维艺术作品。这里的"平面性"并非绝对的,是相对于立体的纤维艺术而言的。平面纤维艺术也存在有限范围内的起伏凹凸关系。

平面形态的纤维装饰艺术品大多与墙壁紧密结合在一起,传统的壁毯与现代纤维壁挂虽然都是建筑环境中的有机组成部分,但在观念上有着很大的区别,与传统纤维装饰艺术相比,现代纤维装饰艺术所体现的是一种新的文化现象和行为方式,它已超越了传统意义的视觉和知觉习惯。它是艺术家通过对建筑空间的分析、观察、思考、选择后,利用材料加上独特的表现手法所创造出的一种新观念的艺术,并带有艺术家的主观意识和纯艺术的个性,表达了其超越材料与编织本身的精神创造。

美国现代纤维艺术家希拉·席克斯的作品《墙》,就是上述观念的鲜明体现。作品以线条为构成要素,覆盖整面墙壁,成为这个建筑空间中的基本单元之一。席克斯通过自然色的亚麻对不同色彩的蓝色与绿色人造丝的缠绕,再将它们并列组合,这些密实而华丽的条状结构,光滑亮丽的蓝、绿色彩,如瀑布般倾泻而下的绳线,将纱线的垂直与柔软表现得准确而流畅,体现出一种音乐般的韵律和节奏,这正是她对材质感悟、想象、表现的最好写照。波兰艺术家塔德克的作品《喷发》是以麻染成各种不同的红色,并运用各种不同的编织技法,采用色彩从黑到红的自然过渡以及粗壮散麻形成凹凸不平的肌理浑厚而凝重,使材料的特性在作品中充分地表现出来。

艺术家们的情感变化能够产生迥然不同的表现形式,因此作品形态应同环境相对应。艺术家珍尼特·古莫莱莉的纤维艺术作品是在保证墙面的二维性和建筑空间的整体效果的同时,善于利用纤维装饰艺术自身的特殊表现手段去加强或者调整建筑空间,对室内环境进行艺术的有机调节,使其产生良好的视觉效果,从而达到美化空间和调整人身心状态的目的。

在有平面的纤维装饰艺术作品的空间中,其作品具有空间导向性功能。它能引导人们从一个空间到另一个空间,一方面保留着对一个空间的记忆,另一方面怀着对下一个空间的期待,使各空间层次与环境之间、人工环境与自然环境之间互相交流。另外,现代纤维装饰艺术还可以利用随机性创造出巧妙和谐的意境,甚至利用纤维装饰艺术品分割建筑空间,从而营造新的空间。

(二)立体的纤维装饰艺术

立体性纤维装饰艺术,亦称"软雕塑",是英文 soft sculpture 的直译,指应用编织等手段塑造而成的、具有三维特征的纤维装饰艺术作品,即软性和有伸缩力的雕塑,实际上就是一种纤维材料的空间构成,它含有多种形式和内容。

1.绕性结构。纤维材料一般都具有缠绕性的特点,由不同的纤维材料缠绕而成,也是利用这种材料的围绕性而制作的。

2.支撑性结构。现代纤维装饰艺术中的雕塑性作品,不仅使用了软性纤维材料,还使用了金属丝以利用其刚与柔的特性。

在现代纤维装饰艺术的创作中,艺术家们通过材料与形态密切交融的自由创造,打破了传统纤维艺术的单一形态,产生了脱离墙面而走向空间的立体形态。立体形态的纤维装饰艺术一般以木、金属等材料为框架,并在框架上进行编织;或将已编织成的平面纤维制品与立体的框架相结合;甚至完全没有框架,利用纤维材料自身的"可站立性"制作作品。

现代纤维装饰艺术在注重材料创新和观念更新的同时,为柔韧而富有可塑性的材料从平面形态向立体形态的纵深发展创造了条件。纤维艺术家们充分利用材料特性寻求形与形之间高低、深浅、厚薄、层次和肌理的变化,使现代纤维装饰艺术的形态从二维向三维空间拓展。

与平面的纤维装饰艺术品相对比,立体纤维装饰艺术品不仅表现了纤维艺术材料的柔和轻巧,而且由于使用了硬质框架,使作品同时表现出如雕塑一样的力度、钢硬和厚重感以及特有的可塑性和悬垂性,表现出独特的形态特征和艺术个性。如波兰艺术家玛格达莲娜·阿巴康诺维兹的作品《红色阿巴康》,就是从平面形态走向立体形态的里程碑式的作品,她用自然的麻、棕为材料,采取编织或非编织的手法,以红色的色彩在不规则的圆形中出人意料地突出尖而长的三角形的整体造型,创造出具有立体感的纤维艺术。正是这种不同凡响的审美情趣和审美理想,决定了她与众不同的艺术风格。

第三节 纤维装饰艺术编织技法

一、纤维装饰艺术经纬组织编织技法

(一)织物的组织结构与织纹技法

织物组织指织物内经、纬纱线按一定规律相互交错、上下沉浮,使织物表面形成一定的纹路和花纹。因此,织物组织对织物结构、外观、风格及物理性能等都有明显的影响。

1.三原组织及其变化组织。三原组织是织物组织的基本组织,是各种组织的基础,因此也被称为基础组织、原组织,三原组织包括平纹组织、斜纹组织和缎纹组织。三原组织如同色彩学的三原色,既可自身变化运用,也可彼此相互结合变化运用,因此学习掌握并灵活运用三原组织是非常重要的,只有将此基础打好,才能随心所欲地变化、设计与运用。

(1)平纹的各种组织:

①平纹组织:平纹组织是梭织物中最简单的织物组织,它是由经、纬线一上一下相互交织而成,其间经组织点数等于纬组织点数,所以平纹组织的正反面无明显的差别。平纹组织虽然简单,但它的交织点最多,因此布面比较平整、结实。我们可以充分利用平纹组织交织点多这一特性,用少套色经过交织呈现多种颜色。

此外,还可以利用不同的原料、纱线捻向,采取不同的织物密度,编织成各种肌理质感的织物,如横向凸条、纵向凸条、皱纹效

213

应等。经久不衰的双绉织物就是采用了平纹组织,它由经线加弱捻、纬线加强捻,并采用双 S 双 Z 捻向、双根相间排列构成,所以导致织物表面呈现出明显的绉纹。

因为平纹组织交织点较多,且织纹密实,所以它还经常作为底纹组织或作为布边装饰,以牢固化纬,提高织物的平整度和牢度。

②平纹变化组织:变化组织是在三原组织的基础上,经过某些变化而派生的组织,这些组织仍保留着三原组织的一些基本特征,统称为变化组织。

平纹变化组织是采用延长经向或纬向的组织点或两个方向同时延长组织点而变化来的。平纹变化组织主要有重平、方平、变化重平和变化方平等组织。变化条件不同,织物表面的视觉效果差异较明显。例如,经重平织物表面呈现横凸条纹,纬重平织物表面呈现纵凸条纹,我们还可选择粗细不同的经纬纱进行搭配,使凸纹效果更加明显。方平组织的织物外观平整、质地松软,可选择风格各异的纱线构成色彩靓丽的小方格花纹。

(2)斜纹的各种组织:

①斜纹组织:与平纹组织相比,斜纹组织的特点是浮线较长,经组织点或纬组织点连续组成的浮线循环构成了斜向纹路。斜纹组织由于组织循环数较大,经浮长或纬浮长的表观特征明显,故斜纹织物的斜向明显且有正反面之分。当织物表面的经组织点个数多于纬组织点个数时,该织物组织叫作经面斜纹组织,反之则是纬面斜纹组织。

斜纹组织的经、纬纱交织点比平纹组织少,因此在织物密度和经、纬纱纱支相同的情况下,斜纹织物的坚牢度不如平纹织物,但其手感比平纹织物柔软,光泽也较好。

斜纹组织的倾斜角度是根据斜纹组织参数、密度、浮长等产生变化的,例如,当经面斜纹组织的经纱密度较大时,其倾斜角度加大。纱线的捻向也对斜纹的清晰度有一定的影响,因此要有所选择。通常情况下,捻纹与斜向成垂直方向的织物,纹路清晰。

②斜纹变化组织:斜纹变化组织除采用延长组织点外,主要是靠改变斜纹的方向,组合成各种变化斜纹组织。斜纹变化组织的变化比较随意、自由,可根据设计要求构成丰富多彩的几何纹样;此外,若改变倾斜纹路的斜向,还可构成各式曲线斜纹图案。斜纹组织由于有经面斜纹与纬面斜纹之分,因此能够产生阴影斜纹,即南经面斜纹逐渐过渡到纬面斜纹,或由纬面斜纹逐渐过渡到经面斜。

(3)缎纹的各种组织:

①缎纹组织:缎纹组织的特点是在一个组织循环中,经浮长或纬浮长成为构成该组织的主要部分,故该组织的经纬组织点分布较均匀,比例相对较少的组织点就几乎被浮长线所遮盖。所以,缎纹组织织物表面富有光泽,质地柔软。缎纹组织也有经面缎纹与纬面缎纹之分。织物表面以经浮长为主的称为经而缎纹,反之则是纬面缎纹。

缎纹组织的经、纬密度,对织物的外观有较大影响。当编织经面缎纹织物时,经线密度越大,覆盖性越好,织物表面越富有光泽。同理,当编织纬面缎纹织物时,纬密越大效果越好。对于手工编织而言,纬面缎纹比经面缎纹容易突出纹样设计的效果,且容易掌握。通常情况下,手工编织的缎纹织物,其经、纬纱线最好选择弱捻纱线,这样编织出来的织物光泽较好,手感也更加柔软润滑。

②缎纹变化组织:缎纹变化组织大多采用增加经(或纬)组织点、延长组织点的浮长等方法构成组织形式,即在缎纹原组织的基础上,向上或者向下、向左或者向右的增加组织点,并保持本组

织的特征所形成的新组织。

缎纹变化组织也有经面变化缎纹与纬面变化缎纹之分,因此也存在阴影缎纹组织。缎纹变化组织由于增加了组织点,可防止纬纱的移动,同时也增强了织物牢度,最重要的是它能够更加符合较复杂设计纹样的编织需求,完成边缘光滑、多变的曲线纹样。

2.各种组织的对比效果。在纤维装饰艺术设计中,不同的编织技法可以形成风格迥异的图形效果。纤维艺术家们经常采用不同的编织技法,在画面上呈现不同的肌理效果,以实现自己的创意,从而带给观者一种强烈的视觉语言。运用纤维材料的外观特性与编织技法的艺术结合,在画面上形成不同的组织结构肌理,是艺术家们呈现给观者强烈视觉语言的一个关键步骤。

为了体会不同条件下技法的细微变化及表现效果,在研究过程中选择了一些具有代表性的组织结构,对其所产生的肌理效果进行分析比较与探讨。

(1)不同材料、相同组织的比较:为了体验不同纤维材料种类的表现性,研究中选用了不同材料、相同纱线色彩及支数、相同织物组织、相同图形进行比较。分别选用的不同材料是纯羊毛、羊毛/亚麻混纺、毛/腈混纺,以这三种不同纤维材质的纱线作为经纱和纬纱进行编织,在编织时保持作品相同组织结构、相同图形,对三种编织图形进行对比分析,从中找出不同材料条件下,影响纤维艺术外观效果的多种因素。

从色泽角度分析,纤维材料表面的光泽、染色鲜艳程度等直接影响了作品的色泽、光线及角度的不同,决定了纤维作品表面的状态影响其反射光线的效果。当纤维表面光滑时,作品表面反射光线较强,因此富有光泽。纤维的截面形状对纤维纱线的外观形状起决定性的作用,纤维的截面形状也直接影响光的反射。当横截面形状为圆形时,纤维对光线的反射比较柔和,然而由于纤维在成纱时所加的捻度,又使圆形反射出强烈的光线;当横截面为不规则的多边形或多角形时,光线较暗淡。从以上所选择的纤维材料及所编织的图形效果分析,羊毛纤维接近圆形的横截面和长度方向的卷曲性,使丝织物色泽较柔和;亚麻纤维的横截面为多角形,纵向表面比较平直均匀,所以织物表面稍有光泽。

从可塑性角度分析,因为纤维材料的个体特性,如纤维的弹性和硬度会对纱线编织时的弯曲变形程度产生一定的影响,进而影响到整体图形的平挺度。由于羊毛纤维的弹性较好,纯羊毛纤维材料的图形效果较为柔和细腻,而羊毛/亚麻混纺纤维材料的图形效果则相对较为硬挺粗犷,力度感较强。

从外观性角度分析,通过对编织成品的比较,可以得出三种不同的质感对比:毛纤维是动物的毛,纤维细软而富有弹性,具有良好的悬垂性,染色后色彩沉稳;混纺纤维是毛和腈纶的合成材料,其特征介于毛和腈纶之间;麻纤维是植物纤维材料,一般比较粗糙,质地粗犷有厚重感,反映出弹性差的特性,从染色后的色彩光泽度来比较,毛/腈混纺纤维材料比纯羊毛纤维材料所呈现出的效果有光泽。从比重的角度进行比较,纯羊毛纤维材料比羊毛/亚麻混纺纤维材料悬垂性好。羊毛/亚麻混纺纤维材料为两种不同材质的组合。毛、麻纤维相互融合,形成一种质朴的效果和柔韧触感,更加突出麻表面的肌理美感。

(2)不同组织、相同材料的比较:为了更好地体会纤维艺术的微妙表现,又将三原组织(在织物学中,三原组织主要指平纹、斜纹和缎纹组织)中,不同组织、相同纱线纤维材料种类、相同色彩及支数、相同图形等进行比较。在此,选用纱线纤维材料种类和纱线支数相同的毛/腈(50/50)混纺纱线作为经纱(淡黄褐色)和纬纱(乳白色),在编织时选择不同的三原变化组织结构。对三种编织图形进行对比分析,找出不同组织结构的表现特征。

①织纹法的变化组织表现:织纹法是运用纬纱在单经、双经或多根经纱上编织,构成丰富多变的表面纹理。纤维装饰艺术设计中,在具象纹样比较多的情况下,纹样的边缘曲线较多,无法用简单的三原组织来完成设计构思,变化组织则能够发挥其独特的变化优势,充分体现图形线条自由的变化。

变化组织是在原组织的基础上,变更原组织的某个条件(如纱线的循环数、浮长、飞数等)而派生出的各种组织。变化组织仍保留着原组织的一些基本特征,但经过变化后形成了新的作品,在此,根据纹样的特点分别选择了变化方平组织、变化斜纹组织和变化缎纹组织,从编织效果看,这三种变化组织都在一定程度上将设计纹样表达出来。

②纬面组织的凸现表现:一般情况下,编织大面积地组织时可采用平纹组织,纹样中需要突出的部分则可选用增加纬组织点的织物组织(如纬二重、纬面斜纹、纬面缎纹),即纬面组织作为其织物组织,其间最好配以经面组织。通过对恰当运用不同织物组织所形成的肌理的对比,使编织的纹样层次更加分明、错落有致。

从呈现图形清晰度的角度看,叶片纹样以变化方平为织物组织的纹样效果最不明显,以变化纬面斜纹为织物组织的纹样效果较明显,而以变化纬面缎纹为织物组织的纹样效果最为明显。这是因为在二上二下方平组织中的经、纬组织点的数量基本均等,两者混色后造成叶片的效果不明显。

相比而言,在一上二下纬面斜纹中的纬组织点的数量略大于经组织点的数量,所以可以看到较明显的乳白色叶片造型。最凸出的叶片造型则是由五枚二飞的纬面变化缎纹体现的,在此较长的乳白色纬浮长将叶片的造型十分清晰地展现出来。

在比较中,还可以得出缎纹的光泽度最亮;在手感方面,缎纹最软、最平滑;斜纹的特征是介于平纹和缎纹之间;平纹最硬,但

218

平纹的平挺感最好。平纹对图形致密有很好的稳定性,正反两面呈现的图形一致。在创作纤维艺术作品时,根据画面的需要,可以自由选择编织技法,以达到不同的肌理效果。

(二)缂织技法

缂织是一种传统的手工技法,有悠久的历史。从历史来看,缂织始于汉,成熟于唐,发展于宋,延续至今。从地理方位上看向东、向南传播,东部路线为回鹘—西夏—辽,南部路线为西安或回鹘—北宋—南宋。

从现存的实物研究看,缂织的风格每个时期各不相同。唐代缂织以实用品为主,由于织造技术的原因,当时大多织造5cm以内的窄幅带,纹样多见花卉,早期为几何式排列的图案化的宝相花,盛期出现了写实的折枝花和复杂的连珠纹。

北宋初期缂织前承唐代,装饰纹样有花卉、鸟兽、山水楼阁等图案,形式上或对称或交错排列,还保留着唐代风格。当时以花鸟为题材的装裱用缂丝相当流行,尤其是多见的紫鸾鹊图案,多用于高级艺术品的装裱。北宋后期受当时写实绘画艺术的影响,开始出现摹缂绘画作品的观赏性缂织作品,为了真实地再现原画精神,艺人们在缂丝技术上不断摸索和创新,使缂织技艺迅速提高。

南宋时期以书画为蓝本制作的观赏用缂织的制作达到鼎盛,南宋作品更富艺术表现力,能把原作的绘画精神表现得更加准确、完美,达到绘画般的效果。南宋缂织以花鸟作品为主,还有山水、人物题材,除了北宋时期小幅册页外,还出现了大尺寸的立轴。艺术品的出现是缂织技术达到一定高度的体现。与宋并存的西夏,在绘画、雕刻、石窟等艺术方面都取得了非凡成就,被誉为"西夏画派"艺术。高度发达的佛教美术以及良好的艺术氛围对缂织工艺产生了很大的影响。艺人们具有一定的绘画基础,以优秀的佛画为蓝本,织造出具有画面效果的缂织作品。元代缂织继承宋代成就,实用性缂织和观赏性缂织同步发展,其中实用性缂织的种类及使用范围有所扩大,如服装、靴套、扇子等明代缂织的技术水平在继承宋元缂织的优秀传统的基础上有进一步的发展。

缂织技法在明代有了进一步的提升,创造了装饰味很浓的凤尾戗和层次更加分明的双子母经缂织法,明代的艺术风格颇具精丽艳逸之风,与宋代缂织的典雅庄重之韵,可谓各有千秋,相异其趣。清代还新创"缂绣混色法",即把缂丝工艺、刺绣和彩绘三者结合,在画面上的主体花纹上用五彩丝线刺绣而成,而背景和陪衬的花纹则用缂丝方法缂织,这在一定程度上加强了织物的装饰效果,丰富和提高了缂丝艺术的表现力,创作出一批精巧工细的作品,现在的缂丝艺术家们,他们大胆探索、积极创新,把东方的缂丝艺术与西方的绘画艺术、摄影艺术相结合,先后缂织了一批艺术新品《静物》《孩童》《大卫人像》等,给缂丝艺术注入了新的活力。

缂织利用通经断纬,可以使平纹组织产生更加巧妙的变化。它可以改变经、纬密度及方向,使织物透孔,聚散分明,线条变幻多样,形成独特的风格。缂织法通常以毛线或丝线等作为编织材料,根据创作者的创作意图需要使纬线在经线的前后间隔中交织,各色的纬线在设定图形范围内的经线叶,来回穿织,直到完成各自的图像。以毛线作为编织纱线材料的称为缂毛,以丝线作为编织纱线材料的称为缂丝。缂织法的编织手法十分灵活,能灵活表现比较复杂的图像与丰富的色彩感觉,具有平整细腻的独特风格。

1.各种缂织技法。

(1)品字纹:以纬线在两根经线中上下间隔、缠绕构成品字形,四根经线为一单元。每一单元的品字形大小取决于经线与纬线的股数多少,同时也形成了编织的疏密变化。重复排列的品字纹肌理显得简洁明快。

(2)连珠纹:以纬线缠绕经线构成点状,从左到右依次缠绕,自下而上逐排重复,构成竖条的点状,形如连珠。编织时,也可以在纬线缠绕经线的基础上,变单经为双经、变细纬为粗纬,以扩大点状面积,取得凹凸强烈的点状肌理。

(3)栽绒法:在平纹组织的结构中,栽入拴结的纤维绒头。经上下左右密集的排列,形成具有一定体量感的绒面编织方法称栽绒,也称起绒。栽绒是手工织毯中普遍采用的编织方法,具有毯面弹性好、挺实、耐磨、牢固的特点。在壁挂创作中作者可以按照自己的意图,编织出高低不一的绒面,经修剪塑造出凹凸起伏、丰厚结实的肌理形态。

栽绒法的具体编织技法是将两股经线为一组,用一股纬线压在一组经线上,然后从两股经线中挑出纬线两头,剪断(剪的长短决定绒晒的厚薄)。为了提高栽绒牢度,编织一行栽绒后,最好再用经线织一行平纹原组织加以固定,这样依次重复。经密集栽绒后,织物表面就会呈现点状的绒面肌理。

(4)簇绒法:簇绒编织与栽绒编织的具体编织方法原则上相同,但是成品肌理不同,栽绒织物表面呈点状的绒面肌理,而簇绒织物表面呈曲线状的簇绒肌理。圈绒的长短、大小、厚薄经设计者的精心处理,变化多端,可以表现梯状的渐变,也可以表现长短的错落,其形式非常灵活。

簇绒法的具体编织技法是纬线在经线上编挂圈套(圈套大小决定圈绒厚薄)。出于固的考虑,在完成一行圈绒后,再用经线织一行平纹加以固定,依次重复,便可形成蓬松、厚实的簇绒肌理效果。

此次手工编织的四幅纤维图形,分别采用了缂织技法中常用的品字纹、连珠纹、栽绒和簇绒技法。其中品字纹是以纬线在两根(或两根以上)经线中上下间隔、缠绕构成品字形,品字形的大小取决于纬线所缠绕的经线的根数,循环排列的品字纹肌理使整幅图形简洁平整,这种织纹在对图形的外边缘形的编织时,能很好地体现外边缘的棱角和转折。

连珠纹是以纬线按照一定的顺序(如自左至右,自下而上)逐一缠绕每根经线而构成点状序列,形如连珠,重复排列的连珠纹可以使整幅图形获得凹凸有致的点状肌理效应,其立体感也较品字纹强烈,但在图形的外形上,转折时对棱角体现的不够,画面的平整程度没有品字纹的作品表面平整。

栽绒法与簇绒法都是缂织法中能够产生绒圈面效应的技法,两者的不同之处在于栽绒织物的表面为散开的点状绒头,而簇绒织物的表面则是曲线状的绒圈点,在织制时,需逐一将符合图案设计要求的各种颜色的纬线以一定的方式紧密拴结于经线上。使色纬绒头或绒圈点竖立于织物表面,并要注意每织完一行圈绒后,须用经、纬线交织一行平纹组织以固定此前编织好的绒圈。在织制工序完成后,再根据图形蛇口的要求,用剪刀或刀片对它们进行适当的修整。运用栽绒法编织的图形,经修整后,可以产生丰满厚实、蓬松厚重的绒状肌理效果。运用簇绒法编织的图形,可充分体现出凹凸起伏、立体感强的点状肌理效果。一种是剪断织线形成的绒状肌理,另一种是未剪断织线的点状肌理,两种肌理同时运用时,点状肌理吸光性比绒状肌理稍弱,从图形的视觉角度看,点状肌理效果相对更突出和明显,比绒状肌理效果的视觉冲击力强。

此外,设计者还可根据创作需要,在以上编织技法原理的基础上,采取灵活多变的组合方式,创造出更新颖、更丰富多样的肌理效果。

2.缂织肌理的独特风格魅力。肌理是呈现在物质表面的一种视觉形态。利用经、纬结构的编织肌理来表现纤维艺术作品的肌理,是其表现语言之一。不同的织物结构与织物组织制约着纤维材料进行经、纬交织的物理性张力关系,同时决定着织物外观所呈现的诸如软硬、疏密、松紧、厚薄等肌理特征。

由此可见,根据纤维艺术的创作要求,灵活合理地运用不同的编织和缂织技法,使画面产生更加丰富多彩的肌理效果,大大增强了纤维作品的艺术表现力。不同技法对图形细节的描绘有极大的变化作用,表现力极为丰富,因此选择不同的技法对纤维艺术设计有重要意义。

二、纤维装饰艺术自由组织编织技法

前文主要分析对比了经纬组织结构、规则的不同编织技法所呈现出的不同组织肌理效果。事实上,在纤维装饰艺术作品创作中,要想作品有新的突破,就要在掌握制作规则的基础上打破规则,勇于创新,使纤维艺术的张力向着自由的空间延伸。

(一)拼贴纤维装饰艺术设计

拼贴纤维装饰艺术是结合多种纺织材料,按照设计图的想法剪裁、拼合、粘贴到画面上,使之产生特别肌理效果的图形表现技法。拼贴法最早出现于现代抽象派的拼贴绘画作品中。现代纤维装饰艺术在吸收了现代美术流派中的拼贴绘画技法后,逐渐发展形成了属于自己的一种新的表现形式。

面料作为拼接设计中最重要的创作材料,在拼接过程中,因不同材质的面料所附有的特性常被创作者搭配运用,从而产生截然不同的视觉效果。纯棉面料染色性好,风格朴素自然,给人亲切温暖的感觉,它因材质肌理较为挺括、容易造型而被众多拼布艺术设计者普遍运用;丝质面料由于纤细、柔软、轻盈,给人一种优雅华丽的感觉,但因其柔软不易造型的特性,在拼布作品中常被用于局部,以作点睛之用;麻质面料由于透气舒适,触感凉爽,色彩一般较淡,在田园风格的拼布作品中较为常见,以其色彩及材质的天然性给人以随意自然的感觉;纱质面料由于轻薄,并有光泽,将大面积纱质面料与其他材料叠加制作出的饰品给人一种飘逸、烂漫的感觉,若只用纱质面料进行局部装饰,那饰品又将多添一份甜美。

艺术家们会根据所设计作品想表达的内容和思想对不同材质进行合理的搭配组合,从而使纤维装饰艺术品更具层次感。在进行面料的拼接组合设计时,设计者常以寻求不完美的美感为主导思想,应用对比思维和反向思维,使不同面料在对比中得到夸张和强化,充分展现不同面料的个性,使不同面料在厚薄、疏密、凹凸之间混合、交织、搭配,从而增强纤维装饰艺术品的个性和层次感。

选择适合自己制作的素材,绘制出与所制作作品原大的画稿,并进行拷贝,根据画面图形的需要确定材料,在制作时先对大面积的图形进行拼贴,如脸、手、胳膊等,然后进行小面积图形的拼贴,如五官、手指甲、胳膊上的装饰等细部的拼贴,面与面、面与线、线与线、疏与密等,形成一种对比的视觉效果。

(二)褶皱纤维装饰艺术设计

褶皱法是用现有的面料进行折叠、打皱、剪切、乐型、缝制、抓皱、堆积、扎化、烫压等工艺的制作,形成立体浮雕效果的表现形式。

褶皱是将面料进行反复无序或有序的折叠后自然形成褶皱效果,或用缝线收紧固定,使面料呈现抽褶效果的褶纹,从而产生必要的量感和美观的折光效果的立体构成方法。

打褶的效果因材料、制作风格、制作手段、制作对象的不同，会有很大的差异，直线的褶皱和曲线的褶皱、松散型和紧密型的褶皱、规则和不规则的褶皱都会产生不同肌理效果的结构形状，艺术家们可随成品的艺术风格决定打褶的形式。

与随意抽褶设计相对的是规则形布料造型。此类饰品的结构严谨、排列有序、韵律感强，在加工处理前，都需要先设定一定的板式结构，在制作过程中按网格绘制的规则板基进行规律的重复性折曲、缝合等。在格子草图上，画上不同规律的定点，制作时用针挑起面料上确定的点，然后托紧抽成一点打结。根据面料上连线点的距离长短和连线后的变换，形成的图案最终呈现的将会是不同风格的形态效果。

联网纹，选用有光泽的透明面料，采用错位式的菱格形将4点相连的针法。将菱形的4个顶点用针挑起，并用线抽成一点，抽紧后打结完成；第二行则错位，用相同的方法制作，最后将面料鼓起部分整理至外层，使面料最终形成相连的网状纹。

依照这种方法，还可设计创造出不同规律的肌理外观，形成的图案可大可小，可断可连，或浪漫随意、疏密有致，或沉稳凝重、规矩统一，不管是规则形还是小规则形布料造型作品，由于材料柔软，弹性韧性好，它们在外观上都较难制作出棱角分明的效果，而是呈现出圆润舒畅的外观形态，具有曲线的柔美。

抽纵是用细线或松紧带将面料进行局部抽缩，形成自然的褶皱效果。

扎结是通过线、绳等工具，对织物进行扎、缝、缀、缚、夹等，使平整的面料表面产生放射状的皱褶或圆形的凸起感。

堆积是根据面料的剪切性，将面料从多个不同方向进行随意挤压、堆积，尽量使各个褶皱之间形成不平行的堆积关系，并用缝线收紧固定,边缘松散部分面料自然形成不规则的立体感。

皱褶,经堆积处理的面料具有虽散乱无规律但视觉冲击力强的特性,画面厚实饱满,极富艺术感染力。若是用半透明的纱质面料进行有意识地堆积,那么,堆积越厚的部分颜色越深,从而形成很强的虚实对比。这种做法从色彩饱和度的对比上很容易形成视觉中心,产生浪漫优雅的艺术感受。

面料的褶皱变形设计一般采用易于塑形、不太厚的化纤面料,一旦成形则不易变形。面料的变形可以通过机械对面料进行加温、加压改变面料原有的外观,也可通过手工处理,配以不同的针法和线迹,使变形的面料产生丰富的艺术效果。

无论是哪种材质的面料进行堆积褶皱处理,面料都会形成自然的浮雕效果,但由于面料本身的触感、坚挺度、光泽度各不相同,最终产生的褶皱效果也会不同。

在不同色彩、质感的面料上进行堆积褶皱处理会得到不同的艺术效果。利用常见的丝缎材料随意地抽纵,面料的华丽光泽跟随褶皱凹凸之间产生的肌理会形成自然的光影效果,强烈的色泽对比,尽显面料的高贵质感。抽褶所产生的密集感,让画面看似随意义透出类似平行肌理的规整,整体画面饱满而细腻。与丝缎面料的垂坠感相比,麻质面料较为挺括,易于造型。将麻质纤维经过有意识的整齐造型重塑之后,产生了层层叠叠的装饰效果,透露出华丽,体现了薄厚、轻重的细微变化。

将相同或不同的多种材料重合、叠加,再加以各种不同的珠片,组合形成立体且有层次富于创意的图形。将原来的面料经过抽褶,从正面或反面进行捏褶处理,用拧挤、对压、黏合等手法,使面料具有立体感、浮雕感。

(三)编结纤维装饰艺术设计

编结纤维装饰艺术品,指根据图形的需要,采用各种纤维制作的绳、线,通过运用基本结法和变化结法设计制作出的纤维艺术品。编结法常用的基本结有单结、双结、云雀结、平结、金钱结等。

编结艺术是一项有着悠久历史的传统手工艺,也是人类早期文化艺术中最古老的艺术之一。早在原始社会,人类为了生存,开始从事各种编结,而且种类繁多,材料丰富。

大约十万年前的旧石器时代,人类还没有文字,为了表达思维和记事,就用绳子打结,记载捕获猎物的数日等。《易·系辞》记载:"上古结绳而治,后世圣人易之以书契。"可见,结是作为记事并起到代替后来文字产之作用的,根据狩猎和采集活动的需要,制作简单的初具雏形的绳索和网具。当时人们制造编织物的材料除藤、竹、枝条等外,还包括兽毛、兽筋、野葛等材料,后期逐渐发展为使用植物的表皮纤维进行编织活动。

编结纤维艺术品既有视觉效果,又有触觉效果,它不受经纬线的限制,自由组合,灵活多变,妙趣横生,以其独特的美感,丰富着人们的精神世界。

在制作编结纤维艺术作品时,纤维材料的特性是"线形"的,它的柔软以及非依附性(不同于绘画的线),使之必须依靠自身的组织结构来成型。这些线材曲折、缠绕、勾连、索扣、系扎等将若干根、若干组、若干群纤维按一定规律排列、穿插、交织、编结起来,不管采用哪种方法,纤维造型总要遵循其特有的重复原则,即线的结构性重复。只有通过这种结构性的重复,通过无数线的无数次编、结、织,才能使线形的纤维形成面或体,使之成型。因为它要靠一根根线的交搭、一行行线的组合、一个个结的排列组织起来,而线的根数、编的程序都要按照设计图来执行。要注意整体效果,按照形式美的规律、法则组织形式与构图,达到统一中求变化,对称中有均衡,在线条的节奏与韵律中求得美的变化。一件作品是由千万个结点和千万根线条重复、汇集、交织的结果。

(四)刺绣纤维装饰艺术设计

刺绣,古称"黹""针黹""针绣",是针线在织物上绣制各种装饰图形的总称,即用针将绣线或其他纤维、纱线以一定图案和色彩在绣料上反复穿绕运针,以针脚缝迹构成装饰织物图形的一种装饰工艺。

根据刺绣的加工工艺,又可以将刺绣分为平绣、彩绣、包梗绣、镂空绣、挑花绣、丝带绣、钉线绣、抽纱绣等几十种。基于对纤维装饰艺术的研究,丝带绣、贴布绣、锁绣、打籽绣等是几种较为典型并在纤维作品中经常采用的刺绣方法。

1.丝带绣。丝带绣又称绚带绣、扁带绣,是以质感细腻的丝带为绣线直接在织物上进行刺绣的技法。由于丝带具有一定的宽度,有光泽,故丝带绣作品具有色彩丰富、花纹醒目、立体感强等特点。在丝带绣作品中,一般会配以多种针法,以摆脱一般绣品针法单调的特点。除直接使用丝带代替绣线进行刺绣外,还可将丝带折叠或伸缩成一定的造型镶嵌于饰品表面以作装饰。

2.贴布绣。贴布绣是将各种质地、颜色、形状、纹样的布料组合成图案后贴缝固定于基础布之上的技法。贴布绣还可以与其他刺绣技法相结合,为饰品增添异彩纷呈的艺术效果。将白色棉布裁剪成两块大小相同的花形,进行拼接,内部塞入棉花,使花朵饱满,再用绣线将其缝制固定于基础布上,沿外缘点缀彩光珠进行装饰。花瓣外周用绣线运齐针交错形成厚实的圆形外轮廓。画面除视觉效果丰富外,在肌理构成上如同半浮雕极具空间立体感。它与面料叠加设计中的贴花类似,但又有所不同,贴花注重的是贴花面料的材质、形状、色彩等,而贴布绣则需注意突出绣线和贴布面料的综合效果。

3.锁绣。锁绣是南绣线环圈锁套而成,因绣纹效果酷似一条锁链而得名,又因其外观呈辫子形,故俗称"辫子股"。锁绣的绣法是第一针在纹样的根端起针,落针于起针近旁,落针时将绣线环成圆形,第二针在线圈中间起针,随即将第一圈拉紧,以此类推,缝绣出链形绣纹。锁绣的色彩与平绣相比,色彩厚重而强烈,却又不浮艳,有种点彩的感觉,绣纹装饰性强,边缘清晰,极富立体感。其成品耐洗耐磨,具有较高的实用性,非常适宜绣制于纤维装饰艺术作品上面。

4.打籽绣。在丝带绣中,打籽绣针法又名法国豆针绣,这是一种传统的针法。打籽绣通常是在图案的外轮廓确定好后,用针在图案内部打出芝麻般的小点,这种直径约2mm的芝麻小点被称为"打籽"。具体针法是:针自下而上穿出绣地,随即用线在针上绕圈。根据籽的大小,绕的圈数不一样,绕好后便可落针将其固定,线环就是籽,使籽固定不动即是打。绣线必须均匀,起针、落针的力度也必须一致,否则籽的大小不匀。打籽绣的特点是装饰性、立体感强,经久耐磨清代的龙纹常采用这种针法。

(五)扎染纤维装饰艺术设计

扎染是一种古老的织物染色工艺,中国古代称为"绞缬"或"绞染"。扎染是一种防染工艺,是用线、绳对织物进行捆、绑、缝扎后,再放在染液中进行煮染,由于捆扎的方法不同,拆除扎线洗去浮色后,其表面会出现奇特的彩色花纹,这些花纹是偶然性出现效果,色块与色块之间的偶然,造型的完整与不完整之间的偶然,任何一件作品都无法复制,这就是扎染的魅力。

由于扎的时候用力的轻重不同以及绳线捆绑的松与紧不同,浸染的时间长短不同,针脚的大小不同,解除捆、缝的线绳之后,在织物上会产生局部染色深浅和明暗渐变的色晕效果,其变化微妙,韵律感强,使之具有一种自然神奇的艺术感染力;同时因线绳

229

的捆绑痕迹经过染色后形成不规则纹理,成为另一种偶然而多变的花色纹饰:这种具有特点的花纹与其他图案有着明显的不同,它的随意、洒脱、形色不定,深浅各异,生动含蓄,色彩自然,形成一种神秘莫测的艺术境界,产生出虚无缥缈的神奇风采,这正符合现在人们追求的时尚,注重装饰个性化的心理,因此受到人们的喜欢。

扎染常用自由扎法、平缝串针法、折叠平缝法、卷缝扎法、平缝满针法、综合方法等技法。

1.自由扎法。自由扎法是用手把一块布的中心部分提起,用另一只手将布聚拢,然后将不想染上颜色的部分用线绳缠绕几圈,圈数的多少以需要的图形效果来定,白的部分多缠绕的圈数就多,白的部分少缠绕的圈数就少。为了防止染色过程中线绳松脱,一定要捆紧捆牢,捆紧颜色不容易渗进去,图形效果好。自由扎法在制造大作品时,一般要依据形式美的法则,注意画面点、线、面的安排。

2.平缝串针法。平缝串针法是先把图形设计好,然后按图形的外轮廓进行平缝,针距的大小根据面料的厚薄和图形的精细程度来定,平缝时最好每一个基本图形单位从头至尾都是用一根线完成,中途不要打结,以便收线,在制作复杂的图形时,要把图形先分解成若干个小的图形,一般先捆扎小图形,后捆扎大图形,把平缝线抽紧以后,用多出的线在平缝部分反复绕扎几圈,并用力捆紧,因平缝处是图形的外轮廓,如果一个图形的外轮廓不清楚,就会模糊一团。缝扎时,由于针脚的大小不一,抽线的松紧不同,织物扎结的越紧、越牢防染效果越好;反之扎结松散,防染效果差,形象模糊。

3.折叠平缝法。折叠平缝法是将面料进行两层、三层、四层等不同的层数折叠,然后用缝针进行平缝,把需要图形的地方缝起来,防止染上颜色。用相同的针法,因折叠的方法不同,出来的效果也不同。折叠平缝法对面料有一定的要求,一般选用薄而稀松的织物,如果织物太厚、太紧密,折叠后平缝会非常困难,出来的图形效果也不会好。

4.卷缝扎法。卷缝扎法是在前面针法的基础上,进一步变化的针法。其特点是采用卷缝扎法缝制的作品可以出现特殊的纹理。

5.平缝满针法。平缝满针法是在整个图案内按照一定的规律进行密集平缝,再分别把各段抽紧并打结固定。

6.综合方法。综合方法是将几种技法集合的一种方法,这种方法可以克服用一种扎结方法造成的图形的单调。在运用扎法和缝法相结合时,要事先设计好图形和扎、缝的步骤,一般都是先缝后扎,否则会缝制困难。

由于扎染具有一种别致生动的独特风格,因此常常取得出奇制胜的艺术效果。这种古老的技术,在现代艺术形式的表现下,充分表达出时代的艺术风貌。因此,扎染在现代多用于各类服饰用品和室内装饰品上,如裤子、裙装、围巾、T恤、靠垫、台布、被罩等。

以上采用拼贴法、褶皱法、编结法、刺绣、扎染等自由组织结构所呈现的肌理效果的表现形式以及形成的肌理变幻无穷,拓宽了纤维艺术创作的表现手法。现代纤维艺术就是以其特有的材质肌理与极富个性的表现魅力,构成了其他艺术无可比拟的审美特征。

第四节 纤维装饰艺术在服装设计中的应用

一、服装设计中的常见装饰工艺

装饰工艺是以某一物为主体,依附该主体而进行绘画或者塑造。使主体的审美效果强化,主体与客体有机结合,形成统一的整体,扩大其社会价值和经济价值。装饰工艺在服装设计中的表现方式主要有平面装饰(图案组织、色彩装饰)和立体装饰(材料的再加工、再创造设计如镂空、刺绣)。装饰工艺被应用于多个领域如工业造型设计、环境艺术设计、服装设计、首饰设计、商品包装设计等方面,下面重点探讨一下装饰工艺在服装设计中的应用。

(一)花边装饰工艺在服装设计中的应用

花边装饰工艺主要应用于女装和童装设计中,随着服装设计理念的发展和进步,花边装饰从基础的袖口、领口、门襟等处发展到不规则裙子下摆、剖开缝的结合处等,应用越来越广泛;花边种类繁多,如本色料的缎带花边、皱花边、尼龙花边以及新兴的蕾丝花边(以编、结、缠等手法将织物镂空,集剪纸艺术、刺绣艺术为一体,用于领口、袖口和文胸等处,蕾丝精美、精致、纤细、透明、华丽、样式多样化,局部上可镂空、贴覆,整体上可裁剪、组合、镶边,值得注意的是蕾丝点缀应与面料、色彩、图案形成合理的肌理效果,把握好蕾丝边缘与基础面料的组合,达到服饰透而不明的效果,体现东方人含蓄之美和朦胧之美)。花边装饰是现代服装设计中必不可少的一种装饰工艺,它的应用性强,可塑性强,改造空间大,深得设计师青睐。

(二)刺绣装饰工艺在服装设计中的应用

刺绣装饰工艺源远流长,影响深远,经历了漫长的历史演变而亘古不灭,综合了美术和书法艺术,是中国传统文化的精髓,因具有淳朴而宏伟的特质被广泛应用于民族风服饰中。刺绣即是用针将丝线或者纱线在织物上按照事先设计好的图案和色彩进行组合、穿刺,组合式的针线的缝迹便是刺绣装饰,值得注意的是,在刺绣装饰工艺中,图案在服装上的占有率和位置不是随意而为的,它可以分布在局部也可以分布于整个绣料上,应结合其他的设计元素合理分配,否则会出现弄巧成拙的效果。在我国根据强烈的地域特色与地区民俗文化和民俗习惯,衍生出了多种刺绣方法如京绣、苏绣、湘绣、粤绣等,刺绣的技法主要有挑花、错针绣、乱针绣、网绣、满地绣、锁丝、纳丝、纳锦、平金、影金、盘金、铺绒、刮绒、戳纱、洒线,纹样多以花香鸟语为题材,或写实,或抽象,或规范,依据纹样规律而为服装刺绣,同时也要考虑纹样的结构规律是否衬托了服装,刺绣工艺是否简练、有效,是否有利于工业化生产。另外,刺绣装饰多应用于袖口、领口、衣身、裙子下摆等服装的细节处,各种布料如棉布、牛仔布均可以刺绣作为修饰,以刺绣作为服饰的点缀,使服装典雅、大方、精致、活泼、个性、干练。

(三)缉线工艺在服装设计中的应用

缉线工艺包括了缝纫线和缉线类型的选择。在缝纫线色彩方面,不同的色彩调配可体现不同的服装修饰效果;在缝纫线材料方面,金银线使服饰突显华丽、高贵气质;五彩线使牛仔服装或者其他休闲装充满活力;真丝线使服饰色彩明亮而柔和;在缝纫线粗细方面,线型由粗到细,0.9cm三明线、0.6cm双明线、0.5cm宽明线、0.1cm窄明线各有千秋,体现出来的效果时尚感强,优雅大方,线形或直或曲,线迹明暗交错,极具表现力。缉线工艺的广泛应用,既可展现设计师的设计理念,也可增强设计效果,提高成衣的工艺水平,体现服装的个性化。

(四)镶滚嵌荡工艺在服装设计中的应用

镶滚嵌荡工艺是一种较为传统的工艺,常用于传统服装边缘设计中如旗袍装的袖口、领口、下摆、开衩口等部位,色彩鲜明的滚边(取协调色彩)和嵌线(与衣身形成对比),轮廓线宽窄对比,色彩变化,为服装平添几分清秀和素雅,增强了东方服饰的东方韵味。

(五)装饰缝工艺在服装设计中的应用

装饰缝工艺即用不同的技法如绗缝、皱缩缝、细褶缝、裥饰缝、装饰线迹接缝,对原本平整的面料进行叠加、分离处理,使服装产生不同的肌理效果,如使女士服装有立体感和层次感,如镂空花纹可凸显女性的曲线美,使服装更加丰富化,更加衬托女性的柔美的身姿。如绗缝工艺多被应用于大衣、风衣、夹克衫上,既有防寒功能又有修饰功能;褶皱缝和细褶缝(在布料上按一定的间隔从正面或者反面捏缝出细褶)多被应用于裙子腰部、衬衫袖口、肩部和腰部,体现服装的立体感和动感,展现了女性的柔性美和娇媚美。

二、纤维艺术中的装饰工艺与服装设计的应用结合

纤维艺术具有综合性、开放性、独立性、多元化的特性,它将多种因素如纤维材料、技法、表现形式、发展状态与人们的不同的需求和审美观念有机关联,用特有的形态展现出来,激发人们对美的追求,提升人们的审美品位,为人们表达精神需求提供了一种独特的方式,给人们的日常生活营造了一个和谐的、健康的心理和空间环境,它古老而有活力,不断发展,逐步走向成熟。

(一)纤维艺术中的编织工艺在服装设计中的应用

传统的手工编织采用的方式多样,包括传统缂织法、纬编法、栽绒法、簇绒法等,这些工艺手法在现代纤维艺术中也经常被编

织工艺所应用。现代纤维艺术中的编织工艺已经不再停留在二维空间的平面状态,已将成熟的向三维空间甚至四维空间所演变。根据所选材料的不同,如硬质材料(竹、藤、金属等)、软质材料(棉、麻、丝、毛等),来展现作品的不同表现风格,如果将软硬材料有机结合则更能展现刚柔共存的形态美。服装设计本身就属于三维空间以上的一种艺术设计形式,将纤维艺术中编织装饰工艺形式与服装设计进行有机结合,可以从服装整体款式设计、结构设计及部件设计等多方面进行创作,从一定程度上可以提升服装的整体艺术效果,例如,硬质材料的编织工艺可以为服装的廓形变化起到一定的修饰和提升作用。

(二)缠绕工艺在服装设计中的应用

纤维艺术中的缠绕工艺技法是在传统纤维艺术编织工艺上的一种技法提升,它利用各种可缠绕材料创造纤维艺术形式的三维空间肌理效果。缠绕的表现技法在服装设计中的应用是非常广泛的。服装设计中立体裁剪的手法采用缠绕式的结构造型应用比较多的,它可以从一定程度上提升服装设计造型的整体效果,突出服装设计中的立体造型和创意。

(三)贴、缝工艺在服装设计中的应用

在纤维艺术的作品创作中,贴、缝工艺的使用是比较广泛的。设计者可以根据所选择的材料的材质和整体作品的装饰效果来决定贴、缝工艺技巧的应用范围。设计者的选择可以是硬质材料也可以是软质材料,例如铁片、螺丝帽、竹片、塑料、布料等,采用缝制、粘贴等技法方式用来粘贴、缝制作品进行修饰提升。同样的道理,将这些工艺手法应用在服装设计的面料再造方面,会对服装面料的设计进行一次艺术上的洗礼,会突破原有面料的材质制约,展现一种不同的艺术欣赏效果。

(四)扎染工艺在服装设计中的应用

扎染工艺是我国民间传统而独特的手工染色技术之一,古称扎缬、绞缬、夹缬和染缬,起源于黄河流域。它是让织物在染色时部分结扎起来,使之不能着色的一种染色方法。纤维艺术家们利用这种古老的艺术形式,通过肌理、造型、材料的表现,将民族与时代交融。第六届国际纤维艺术双年展中的金奖作品《清、远、静》,就是清华大学美术学院染服系李薇教授利用真丝绢、水纱为原材料,采用染色工艺,进行了不同层次的叠加,将整个纤维艺术作品展现了一种气势磅礴、烟雾环绕的水墨画卷感觉。扎染工艺在服装设计中的应用也可以起到同样的效果,可以提升服装整体欣赏效果,尤其是在面料图案的设计、面料的再造等方面会提升一个欣赏层次。

三、纤维艺术的装饰工艺在服装设计中的应用成果

根据上述研究,笔者对纤维艺术的装饰工艺在服装设计中进行了大胆的教学尝试,将纤维艺术表现形式和工艺手法首先引入到《创意服装设计》课程的课堂上进行了大胆的实验,通过笔者将纤维艺术表现形式和装饰工艺手法的阐述、示范、设计,在笔者的指导下,笔者与山东女子学院2012级服装班和2013级服装班的数名同学共同开发了一些较为成功的纤维艺术服装设计作品。

(一)编织工艺在服装设计中的应用

图6-1服装作品名称《点线面》设计者是以构成中的基本要素——点、线、面为灵感来源进行设计。设计者利用纤维艺术中的编织工艺手法,选用极细但可塑性强的电镀锌铁丝扎线以多种不同的手法编织成面,以透明鱼线连接成衣片,利用铁丝扎线易定性的特性以缠绕的方式制作的黑色小球如同快乐的小精灵跳跃奔跑在纯洁美丽的白色世界里。率直的线条相互交错缠绕形成顽皮可爱的点,有大有小的点形成不同的面。整个服装充满了

具有流动感的圆形和曲线,表达了可爱又另类的少女性情。

图6-2服装作品名称《星空》运用服饰配件腰绳、帽绳材料来进行编织完成服装成品,与上一款服装的不同之处在于设计者选择的编织线性材料与电线相比是软性的。此款服装灵感来源于凡·高的《星空》油画作品,以深蓝色毛呢面料做成包身裙,把红色和蓝色绳子打成结,再排序钉在衣服上。凡·高画中的圆形笔触星空之圈通过绳子做成圈放在打结处进行装饰,腰部采用飘逸的形式坠着有大小区分的线圈,穿在模特身上活泼可爱,旋转的瞬间展现出星空的动态美。

图6-1 点线面　　　　　图6-2 星空

图6-1作者:王佳慧,山东女子学院2012级服装班。
图6-2作者:曹瑞瑞,山东女子学院2012级服装班。

(二)缠绕工艺在服装设计中的应用

图6-3服装作品名称《年轮》设计者运用针织面料打底,缀以棕、黄两色绳线缠绕装饰。绳线如年轮般一圈套一圈纠结缠绕,

层层叠叠,恰似经过岁月洗礼后得到成长的生命体般抽根发芽,渐渐凝结成股,凹凸有致,形成树雕所特有的肌理感。裙摆的欧根纱面料上,缀以绳线盘绕成的花多,每朵花心都缝有一枚木质纽扣,表达出"巴山楚水凄凉地,二十三年弃置身。沉舟侧畔千帆过,病树前头万木春"的意境。

图6-4服装作品名称《梦的远方》设计者运用米驼色呢子布,以硬衬、毛线、盘扣和铁丝为辅料。在披肩中间用了盘扣装饰,突出了女性的古典美。裙子上用毛线规律缠绕形成的纹路错落有致,节奏感极强,再配以同色系毛线的线圈点缀,展现了女性的浪漫美和复古情怀。

图6-3　年轮　　　　　　　图6-4　梦的远方

图6-3作者:王石文静,山东女子学院艺术学院2012级服装班学生。

图6-4作者:王赵凌峰,山东女子学院艺术学院2012级服装

班学生。

(三)贴、缝工艺在服装设计中的应用

图6-5服装作品《水磬》设计者利用不织布材料,通过蓝色色彩推移变化,采用纤维艺术中贴、缝技艺,再搭配同色系毛根,表达了设计者对大自然生活的向往和追求,一片一片的鳞片型织布,有规律有秩序的排列拼贴在人体结构上,毛根的卷曲型设计,把水花潺潺灵动的感觉表达得淋漓尽致。

图6-6服装作品《迷惘》设计者采用丝瓜瓤的圆形切面,无规律拼贴,缝制在服装上。服装面料也采用的是网状粘胶型特殊材质,与丝瓜瓤切片进行了完美的肌理结合,再搭配半透明裸色欧根纱,表达了作者穿越迷雾森林的迷惘心情。

图6-5 水馨　　　　图6-6 迷惘

图6-5作者:李琦,山东女子学院艺术学院2013级服装班学生。

图6-6作者:张倩,山东女子学院艺术学院2013级服装班学生。

四、纤维艺术的未来发展趋势及其在服装设计中的应用前景

(一)纤维艺术的未来发展趋势

纤维艺术起源于欧洲古老的壁毯艺术,关于发端于欧洲和美国的现代纤维艺术的研究与发展至今也只不过50余年。纤维艺术传入中国是在1981年,中国的纤维艺术曾在20世纪80年代中期对中国的现代艺术发展产生过一定的影响。经过20世纪90年代的消声沉寂进入21世纪后,中国的纤维艺术发展不仅在国内有了较为显赫的成绩,对国际纤维艺术领域也产生了一定的影响。2000年的"从洛桑到北京"的国际纤维艺术展上,中国的纤维艺术创作者们向世界展现了具有中国特色的纤维艺术作品。我国纤维艺术课程在艺术院校的开设也是在20世纪80年代末至90年代初。

古老的纤维艺术从起源时期的发展到今天,已经不单单是只停留在平面化和装饰观赏的形式上,随着纤维艺术与现代工艺及多样化材料的有机结合和不同的表现形式,现代的纤维艺术更趋于向立体化和多元化空间发展。目前,在国内外,许多学者和纤维艺术的创作者们更热衷于对纤维艺术与建筑环境、室内空间造型等艺术形式进行应用研究,在此方面的发展也相对较为成熟。这种艺术形式在服装设计的应用的研究还较为少见,但随着纤维艺术的多元化发展模式的建立,我们对纤维艺术与服装设计如果能进行更深入的研究和互相集合,那对于服装设计领域的艺术发展无疑是锦上添花,也更具有重要的创新价值。

(二)纤维艺术在服装设计中的应用前景

随着人们生活水平的提高和审美观念的不断更新,人们对服饰有了自己的想法,"讲究"服饰的个性化和有设计感,因此,服装设计便炙手可热。装饰手法是服装设计的重要组成部分,因为服装设计中设计师的设计理念和风格依赖设计师选择面料、丝线和

装饰手法的能力。现代人对服装造型的要求越来越严格,每个人都对自己的服装有着独特的追求,因此,也使得服装设计中的装饰手法内容和形式更加个性化和多元化,纤维材料的选择也多样化。

在这个服装设计多种类并存的时代,装饰手法便越发显示其重要性,装饰手法在服装设计中的成功应用可使服装设计感鲜明,使服装丰富化和多样化。传统的花边装饰工艺、刺绣装饰工艺、缉线装饰工艺、镶滚嵌荡工艺、装饰缝工艺等诸多装饰手法并非是单一地被应用于服装设计中,而是多种方式同时被应用于同一个服装设计中。

与此同时,结合纤维艺术中编织等传统技法及现代技法等多种形式应用在服装设计中,会起到画龙点睛的作用。纤维艺术从平面走向立体经过了一段漫长的发展过程,在服装设计中将纤维艺术装饰工艺手法的平面化效果、立体化效果巧妙的结合服装结构设计、色彩设计、材料设计应用,会使设计出的服装更具有艺术欣赏价值及实用价值。纤维艺术与服装设计这两种看似没有联系但却又息息相关的姐妹艺术形式巧妙结合,可以美化服装,突出设计效果,在将来这种现代化的、多元化的服装设计才能满足人们的生活需求和审美要求。

参考文献

[1]蔡从烈,秦栗,薛建新.纤维艺术设计[M].武汉:湖北美术出版社,2006.

[2]曹立辉.装饰工艺在服装设计中的应用[J].天津纺织科技,2010,47(2):15-17.

[3]陈玲.纤维艺术设计与制作[M].北京:中国轻工业出版社,2012.

[4]戴维·尼文.人生总会有办法:用逆向思维解决难题[M].长沙:湖南文艺出版社,2015.

[5]塔尔德.模仿的定律[M].北京:中国人民大学出版社,2008.

[6]董杨,刘威.染织[M].沈阳:辽宁美术出版社,1998.

[7]范聚红.装饰工艺在服装设计中的运用[J].郑州轻工业学院学报(社会科学版),2005,31(6):20-22.

[8]傅克辉.中国艺术设计史[M].重庆:重庆大学出版社,2014.

[9]高爱香.纤维艺术肌理效果及技法表现[D].西安:西安工程

科技学院,2006.

[10]郭凤芝,邢声远,郭瑞良.新型服装面料开发[M].北京:中国纺织出版社,2014.

[11]郭静.浅析纤维艺术与装饰工艺在服装设计中的应用[J].鸭绿江,2016,57(5):95-96.

[12]胡晓.浅谈平面结构形式在现代服装设计中的表现[J].艺术与设计(理论),2010,49(9):20-22.

[13]梁惠娥.服装面料艺术再造[M].北京:中国纺织出版社,2008.

[14]马丁.如何成为服装设计师[M].北京:中国纺织出版社,2013.

[15]苗靖.谈服装设计的创作灵感[J].重庆科技学院学报(社会科学版),2013,30(1):17-19.

[16]彭征,袁丽丽.解读联想思维[M].北京:现代出版社,2011.

[17]濮微.服装面料与辅料[M].北京:中国纺织出版社,2015.

[18]秦旭萍,何晶.材料装饰设计[M].长春:吉林美术出版社,2002.

[19]尚·雷马利.香奈儿[M].上海:上海书店出版社,2011.

[20]田卫平.现代装饰艺术[M].哈尔滨:黑龙江美术出版社,1995.

[21]魏励.中华大字典[M].北京:商务印书馆国际有限公司,2014.

[22]翁小川.服装设计中材料的创新应用研究[D].上海:东华大学,2014.

[23]夏鼐.中国文明的起源[M].北京:中华书局,2009.

[24]邢声远,郭凤芝.服装面料与辅料手册[M].北京:化学工业出版社,2008.

[25]徐百佳.纤维艺术设计与制作[M].北京:中国纺织出版社,2002.

[26]杨俊.服装材料在服装设计中的视觉表现研究[D].南昌:江西师范大学,2010.

[27]杨俊申,秦明.纤维艺术设计基础[M].天津:天津大学出版社,2003.

[28]杨立亚,唐云,钱华,等.浅谈纤维艺术在服装设计中的应用[J].山东纺织经济,2013,41(7):20-22.

[29]董占军.西方现代设计艺术史[M].济南:山东教育出版社,2012.

[30]张岸芬.不同服装材料在服装设计中应注意的问题[J].山东纺织科技,1999,20(4):10-12.

[31]章旭宁.浅谈"新陈代谢派"的设计思维[J].设计,2015,65(17):13-14.

[32]中国社会科学院语言研究所词典编辑室.现代汉语词典[M].北京:商务印书馆,2016.